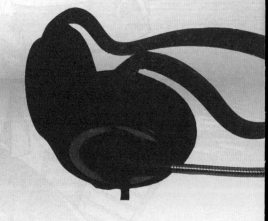

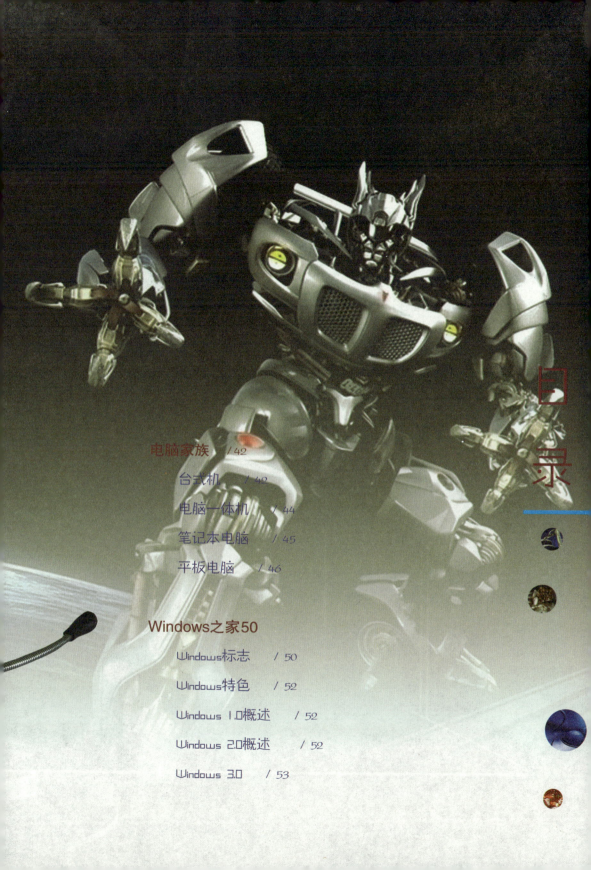

目录

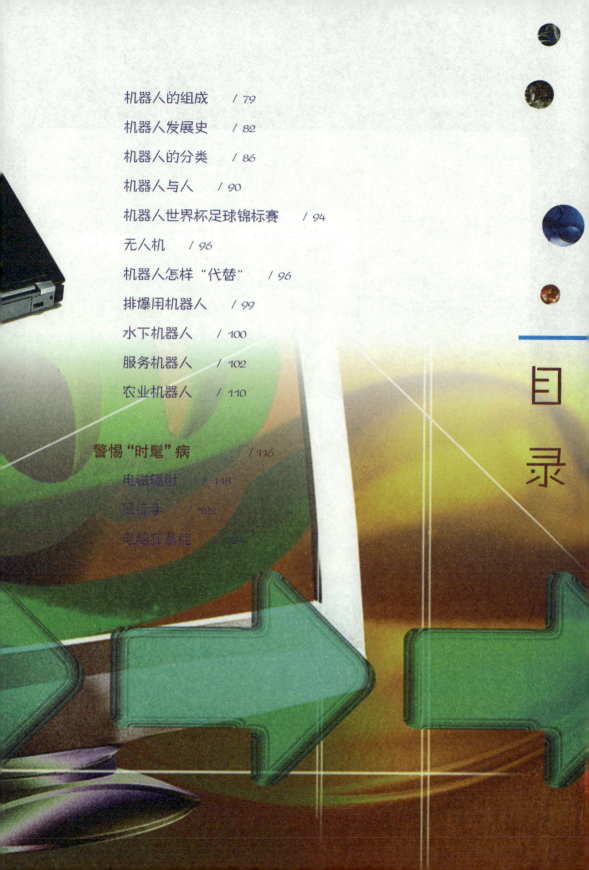

目 录

计算机发家史

计算机对人类的生产活动和社会活动产生了极其重要的影响，并以强大的生命力飞速发展。它的应用领域从最初的军事科研应用扩展到目前社会的各个领域，已形成规模巨大的计算机产业，带动了全球范围的技术进步，由此引发了深刻的社会变革。计算机已遍及学校、企事业单位，进入寻常百姓家，成为信息社会中必不可少的工具。它是人类进入信息时代的重要标志之一。

计算机（俗称"电脑"）是20世纪最伟大的科学技术发明之一。它是一种不需要人工直接干预，能够快速对各种数字信息进行算术和逻辑运算的电子设备，以微处理器为核心，配上大容量的半导体存储器及功能强大的可编程接口芯片，连上外设（包括键盘、显示器、扫描仪、打印机和软驱、光驱等外部存储器）及电源所组成的计算机，被称为微型计算机，简称微型机或微机，有时又被称为个人电脑（Personal Computer PC）或微机（Micro computer MC）。微机加上系统软件，就构成了整个微型计算机系统。

计算机是由早期的电动计算器发展而来的。1946年，世界上出现了第一台电子数字计算机"ENIAC"，用于计算弹道，由美国宾夕法尼亚大学莫尔电气工程学院制造。ENIAC体积庞大，占地面积170多平方米，重量约30吨，消耗近150千瓦的电力。显然，这样的计算机成本很高，使用不便。

1956年，晶体管电子计算机诞生了，这是第二代电子计算机。只要几个大一点的柜子就可将它容下，运算速度也大大地提高了。1959年出现的是第三代集成电路计算机。最初的计算机由约翰·冯·诺依曼发明（那时电脑的计算能力相当于现在的计算器），足足有3间库房那么大，后逐步发展。

计算机发展历史 〉

• 大型主机阶段

　　20 世纪 40—50 年代，出现了第一代电子管计算机。经历了电子管数字计算机、晶体管数字计算机、集成电路数字计算机和大规模集成电路数字计算机的发展历程，计算机技术逐渐走向成熟。

• 小型计算机阶段

　　20 世纪 60—70 年代，大型主机进行了第一次"缩小化"，可以满足中小企业

事业单位的信息处理要求，成本较低，价格可被接受。

• 微型计算机阶段

　　20 世纪 70—80 年代，大型主机进行了第二次"缩小化"。1976 年美国苹果公司成立，1977 年就推出了 AppleII 计算机，大获成功。1981 年 IBM 推出 IBM—PC，此后它经历了若干代的演进，占领了个人计算机市场，使得个人计算机得到了很大的普及。

• 客户机/服务器

　　即 C/S 阶段。随着 1964 年 IBM 与美国航空公司建立了第一个全球联机订票系统，把美国当时 2000 多个订票的终端用电话线连接在了一起，标志着计算机进入了客户机/服务器阶段，这种模式至今仍在大量使用。在客户机/服务器网络

中，服务器是网络的核心，而客户机是网络的基础。客户机依靠服务器获得所需要的网络资源，而服务器为客户机提供网络必需的资源。C/S结构的优点是能充分发挥客户端PC的处理能力，很多工作可以在客户端处理后再提交给服务器，大大减轻了服务器的压力。

• Internet阶段

也称互联网、因特网、网际网阶段。互联网即广域网、局域网及单机按照一定的通讯协议组成的国际计算机网络。互联网始于1969年，是在美国国防部研究计划署制定的协定下将美国西南部的大学（加利福尼亚大学洛杉矶分校、斯坦福大学研究学院、加利福尼亚大学和犹他州大学）的4台主要的计算机连接起来。此后经历了文本到图片，到现在语音、视频等阶段，宽带越来越快，功能越来越强。互联网的特征是：全球性、海量性、匿名性、交互性、成长性、扁平性、即时性、多媒体性、成瘾性、喧哗性。互联网的意义不应被低估。它是人类迈向地球村坚实的一步。

• 云计算时代

从2008年起，云计算概念逐渐流行起来，它正在成为一个通俗和大众化的词语。云计算被视为"革命性的计算模型"，因为它使得超级计算能力通过互联网自由流通成为了可能。企业与个人用户无需再投入昂贵的硬件购置成本，只需要通过互联网来购买租赁计算力，用户只用为自己需要的功能付钱，同时消除传统软件在硬件、软件、专业技能方面的花费。云计算让用户脱离技术与部署上的复杂性而获得应用。云计算囊括了开发、架构、负载平衡和商业模式等，是软件业的未来模式。它基于互联网的服务，也是以互联网为中心。

新型计算机 〉

· 分子计算机

分子计算机体积小、耗电少、运算快、存储量大。分子计算机的运行是吸收分子晶体上以电荷形式存在的信息，并以更有效的方式进行组织排列。分子计算机的运算过程就是蛋白质分子与周围物理化学介质的相互作用过程。转换开关为酶，而程序则在酶合成系统本身和蛋白质的结构中极其明显地表示出来。生物分子组成的计算机具备能在生化环境下，甚至在生物有机体中运行，并能以其他分子形式与外部环境交换。因此它将在医疗诊治、遗传追踪和仿生工程中发挥无法替代的作用。分

子芯片体积相比现在的芯片将大大减小，而效率大大提高，分子计算机完成一项运算，所需的时间仅为 10 微微秒，比人的思维速度快 100 万倍。分子计算机具有惊人的存贮容量，1 立方米的 DNA 溶液可存储 1 万亿亿的二进制数据。分子计算机消耗的能量非常小，只有电子计算机的十亿分之一。由于分子芯片的原材料是蛋白质分子，所以分子计算机既有自我修复的功能，又可直接与分子活体相联。

· 量子计算机

量子计算机是利用原子所具有的量子特性进行信息处理的一种全新概念的计

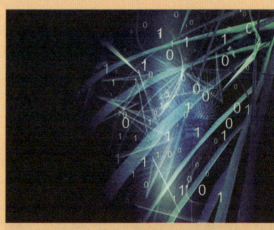

算机。量子理论认为，非相互作用下，原子在任一时刻都处于两种状态，称之为量子超态。原子会旋转，即同时沿上、下两个方向自旋，这正好与电子计算机 0 与 1 完全吻合。如果把一群原子聚在一起，它们不会像电子计算机那样进行的线性运

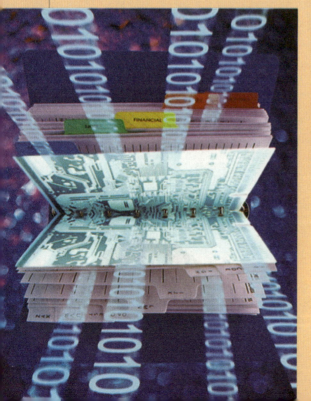

算，而是同时进行所有可能的运算，例如量子计算机处理数据时不是分步进行而是同时完成。只要 40 个原子一起计算，就相当于今天一台超级计算机的性能。量子计算机以处于量子状态的原子作为中央处理器和内存，其运算速度可能比奔腾 4 芯片快 10 亿倍，就像一枚信息火箭，在一瞬间搜寻整个互联网，可以轻易破解任何安全密码，黑客任务轻而易举，难怪美国中央情报局对它特别感兴趣。

• 光子计算机

1990 年初，美国贝尔实验室制成世界上第一台光子计算机。光子计算机是一种由光信号进行数字运算、逻辑操作、信息存贮和处理的新型计算机。光子计算机的基本组成部件是集成光路，要有激光器、透镜和核镜。由于光子比电子速度快，光子计算机的运行速度可高达 1 万亿次。它

的存贮量是现代计算机的几万倍，还可以对语言、图形和手势进行识别与合成。

目前，许多国家都投入巨资进行光子计算机的研究。随着现代光学与计算机技术、微电子技术相结合，在不久的将来，光子计算机将成为人类普遍的工具。

光子计算机与电子计算机相比，主要具有以下优点：

1. 超高速的运算速度。光子计算机并行处理能力强，因而具有更高的运算速度。电子的传播速度是 593km/s，而光子的传播速度却达 3×10^5 km/s，对于电子计算机来说，电子是信息的载体，它只能通过一些相互绝缘的导线来传导，即使在最佳的情况下，电子在固体中的运行速度也远远不如光速，尽管目前的电子计算机运算速度不断提高，但它的能力还是有限的；此外，随着装配密度的不断提高，会使导体之间的电磁作用不断增强，散发的热量也在逐渐增加，从而制约了电子计算机的运行速度；而光子计算机的运行速度要比电子计算机快得多，对使用环境条件的要求也比电子计算机低得多。

2. 超大规模的信息存储容量。与电子计算机相比，光子计算机具有超大规模的信息存储容量。光子计算机具有极为理想的光辐射源——激光器，光子的传导是可以不需要导线的，而且即使在相交的情况下，它们之间也不会产生丝毫的相互影响。光子计算机无导线传递信息的平行通道，

其密度实际上是无限的，一枚五分硬币大小的枚镜，它的信息通过能力竟是全世界现有电话电缆通道的许多倍。

3. 能量消耗小，散发热量低，是一种节能型产品。光子计算机的驱动，只需要同类规格的电子计算机驱动能量的一小部分。这不仅降低了电能消耗，大大减少了机器散发的热量，而且为光子计算机的微型化和便携化研制提供了便利的条件。科学家们正试验将传统的电子转换器和光子结合起来，制造一种"杂交"的计算机，这种计算机既能更快地处理信息，又能克服巨型电子计算机运行时内部过热的难题。

目前，光子计算机的许多关键技术，如光存储技术、光互连技术、光电子集成电路等都已经获得突破，最大幅度地提高光子计算机的运算能力是当前科研工作面临的攻关课题。光子计算机的问世和进一步研制、完善，将为人类跨向更加美好的明天提供无穷的力量。

• 纳米计算机

纳米计算机是用纳米技术研发的新型高性能计算机。纳米管元件尺寸在几到几十纳米范围，质地坚固，有着极强的导电性，能代替硅芯片制造计算机。"纳米"是一个计量单位，一个纳米等于 10^{-9} 米，大约是氢原子直径的 10 倍。纳米技术是从 20 世纪 80 年代初迅速发展起来的新的前沿科研领域，最终目标是人类按照自己的意志直接操纵单个原子，制造出具有特定功能的产品。现在纳米技术正从微电子机械系统起步，把传感器、电动机和各种处理器都放在一个硅芯片上而构成一个系统。应用纳米技术研制的计算机内存芯片，其体积只有数百个原子大小，相当于人的头发丝直径的千分之一。纳米计算机不仅几乎不需要耗费任何能源，而且其性能要比今天的计算机强大许多倍。

• 生物计算机

20 世纪 80 年代以来，生物工程学家对人脑、神经元和感受器的研究倾注了很多精力，以期研制出可以模拟人脑思维、低耗、高效的第六代计算机——生物计算机。用蛋白质制造的电脑芯片，存储量可

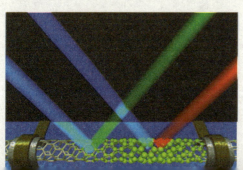

以达到普通电脑的 10 亿倍。生物电脑元件的密度比大脑神经元的密度高 100 万倍，传递信息的速度也比人脑思维的速度快 100 万倍。

• 神经计算机

其特点是可以实现分布式联想记忆，并能在一定程度上模拟人和动物的学习功能。它是一种有知识、会学习、能推理的计算机，具有能理解自然语言、声音、文字和图像的能力，并且具有说话的能力，使人机能够用自然语言直接对话。它可以利用已有的和不断学习到的知识，进行思维、联想、推理，并得出结论，能解决复杂问题，具有汇集、记忆、检索有关知识的能力。

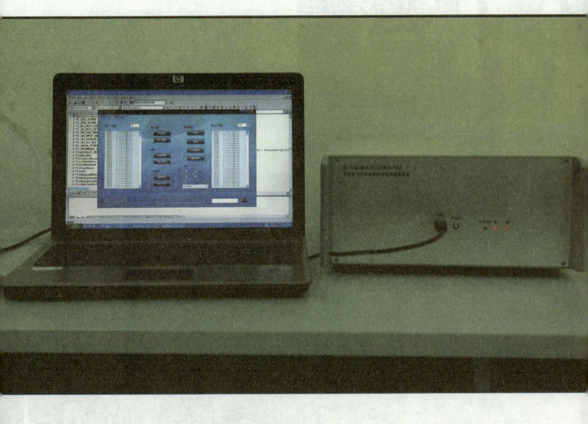

电脑究竟是谁的脑

计算机的工作原理 ＞

• 冯·诺依曼原理

"存储程序控制"原理是 1946 年由美籍匈牙利数学家冯·诺依曼提出的，所以又称为"冯·诺依曼原理"。该原理确

立了现代计算机的基本组成的工作方式，直到现在，计算机的设计与制造依然沿着"冯·诺依曼"体系结构。

"存储程序控制"原理的基本内容：

①采用二进制形式表示数据和指令。

②将程序（数据和指令序列）预先存放在主存储器中（程序存储），使计算机在工作时能够自动高速地从存储器中取出指令，并加以执行（程序控制）。

③由运算器、控制器、存储器、输入设备、输出设备 5 大基本部件组成计算机硬件体系结构。

• 计算机工作过程

第一步：将程序和数据通过输入设备送入存储器。

第二步：启动运行后，计算机从存储器中取出程序指令送到控制器去识别，分析该指令要做什么事。

第三步：控制器根据指令的含义发出相应的命令（如加法、减法），将存储单元中存放的操作数据取出送往运算器进行运算，再把运算结果送回存储器指定的单元中。

第四步：当运算任务完成后，就可以根据指令将结果通过输出设备输出。

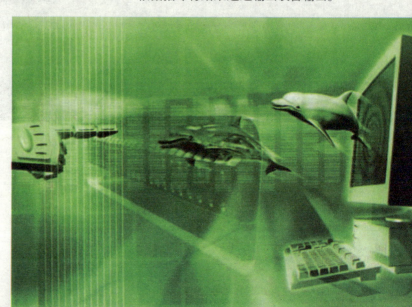

计算机的应用领域 〉

计算机的应用已渗透到社会的各个领域，正在改变着人们的工作、学习和生活的方式，推动着社会的发展。归纳起来可分为以下几个方面：

• 科学计算

科学计算也称数值计算。计算机最开始是为解决科学研究和工程设计中遇到的大量数学问题的数值计算而研制的计算工具。随着现代科学技术的进一步发展，数值计算在现代科学研究中的地位不断提高，在尖端科学领域中，显得尤为重要。例如，人造卫星轨迹的计算，房屋抗震强度的计算，火箭、宇宙飞船的研究设计都离不开计算机的精确计算。

在工业、农业以及人类社会的各领域中，计算机的应用都取得了许多重大突破，就连我们每天收听收看的天气预报都离不开计算机的科学计算。

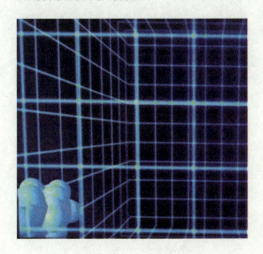

• 数据处理

在科学研究和工程技术中会得到大量的原始数据，其中人对大量图片、文字、声音等信息处理就是对数据进行收集、分类、排序、存储、计算、传输、制表等操作。目前计算机的信息处理应用已非常普遍，如人事管理、库存管理、财务管理、

图书资料管理、商业数据交流、情报检索、经济管理等。

信息处理已成为当代计算机的主要任务，是现代化管理的基础。据统计，全世界计算机用于数据处理的工作量占全部计算机应用的 80% 以上，大大提高了工作效率，提高了管理水平。

• 自动控制

自动控制是指通过计算机对某一过程进行自动操作，它不需人工干预，就能按人预定的目标和预定的状态进行过程控

制。所谓过程控制是指对操作数据进行实时采集、检测、处理和判断，按最佳值进行调节的过程。目前被广泛用于钢铁企业、石油化工业、医药工业等操作复杂的生产中。使用计算机进行自动控制可大大提高控制的实时性和准确性，提高劳动效率、产品质量，降低成本，缩短生产周期。

计算机自动控制还在国防和航空航天领域中起决定性作用，例如，无人驾驶飞机、导弹、人造卫星和宇宙飞船等飞行器的控制都是靠计算机实现的。可以说计算机是现代国防和航空航天领域的神经中枢。

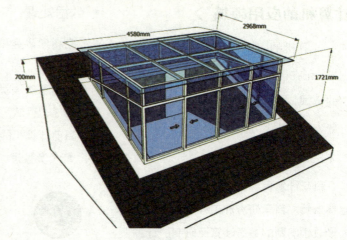

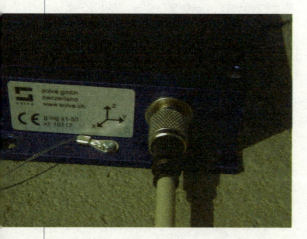

• 辅助设计

计算机辅助设计 (Computer Aided Design，简称 CAD) 是指借助计算机的帮助，人们可以自动或半自动地完成各类工程设计工作。目前 CAD 技术已应用于飞机设计、船舶设计、建筑设计、机械设计、大规模集成电路设计等。在京九铁路的勘测设计中，使用计算机辅助设计系统绘制一张图纸仅需几个小时，而过去人工完成同样工作则要一周甚至更长时间。可见采用计算机辅助设计可缩短设计时间，提高工作效率，节省人力、物力和财力，更重要的是提高了设计质量。CAD 已得到各国工程技术人员的高度重视。有些国家已把 CAD 和计算机辅助制造、计算机辅助测试及计算机辅助工程组成一个集成系统，使设计、制造、测试和管理有机地组成为一体，形成高度的自动化系统，因此产生了自动化生产线和"无人工厂"。

计算机辅助教学 (Computer Aided

Instruction，简称 CAI) 是指用计算机来辅助完成教学计划或模拟某个实验过程。计算机可按不同要求，分别提供所需教材内容，还可以个别教学，及时指出该学生在学习中出现的错误，根据计算机对该生的测试成绩决定该生的学习从一个阶段进入另一个阶段。CAI 不仅能减轻教师的负担，还能激发学生的学习兴趣，提高教学质量，为培养现代化高质量人才提供了有效方法。

• 人工智能

人工智能是指计算机模拟人类某些智力行为的理论、技术和应用。人工智能是计算机应用的一个新的领域，这方面的研

究和应用正处于发展阶段，在医疗诊断、定理证明、语言翻译、机器人等方面，已有了显著的成效。例如，用计算机模拟人脑的部分功能进行思维学习、推理、联想和决策，使计算机具有一定"思维能力"。我国已开发成功一些中医专家诊断系统，

可以模拟名医给患者诊病开方。

机器人是计算机人工智能的典型例子。机器人的核心是计算机。第一代机器人是机械手；第二代机器人对外界信息能够反馈，有一定的触觉、视觉、听觉；第三代机器人是智能机器人，具有感知和理解周围环境，使用语言、推理、规划和操纵工具的技能，模仿人完成某些动作。机器人不怕疲劳，精确度高，适应力强，现已开始用于搬运、喷漆、焊接、装配等工作中。机器人还能代替人在危险工作中进行繁重的劳动，如在有放射线、污染有毒、高温、低温、高压、水下等环境中工作。

• 多媒体应用

随着电子技术特别是通信和计算机技术的发展，人们已经有能力把文本、音频、视频、动画、图形和图像等各种媒体综合起来，构成一种全新的概念"多媒体"。在医疗、教育、商业、银行、保险、行政管理、军事、工业、广播和出版等领域中，多媒体的应用发展很快。

• 计算机网络

计算机网络是由一些独立的和具备信息交换能力的计算机互联构成，以实现资源共享的系统。计算机在网络方面的应用使人类之间的交流跨越了时间和空间障碍。计算机网络已成为人类建立信息社会的物质基础，它给我们的工作带来极大的方便和快捷，如在全国范围内的银行信用卡的使用，火车和飞机票系统的使用等。现在，可以在全球最大的互联网络——Internet 上进行浏览、检索信息、收发电子邮件、阅读书报、玩网络游戏、选购商品、参与众多问题的讨论、实现远程医疗服务等。

▶ 最早的电子数字计算机

　　根据美国最高法院在 1973 年的裁定，最早的电子数字计算机，应该是美国爱荷华州立大学的物理系副教授约翰·阿坦那索夫和其研究生助手克利夫·贝瑞于 1939 年 10 月制造的"ABC"（Atanasoff-Berry-Computer）。之所以会有这样的误会，是因为"ENIAC"的研究小组中的一个叫莫克利的人于 1941 年剽窃了约翰·阿坦那索夫的研究成果，并在 1946 年时，申请了专利。由于种种原因直到 1973 年这个错误才被纠正过来。后来为了表彰和纪念约翰·阿坦那索夫在计算机领域内作出的伟大贡献，1990 年时任美国总统布什授予约翰·阿坦那索夫全美最高科技奖项——"国家科技奖"。

"软硬"兼施

计算机是由硬件和软件组成的。下面我们将一步一步地揭开它们的神秘面纱。

计算机硬件 〉

计算机硬件是电子计算机系统中所有实体部件和设备的统称。是由许多不

同功能模块化的部件组合而成的，并在软件的配合下完成输入、处理、储存和输出等4个操作步骤。另外，还可根据它们的不同功能分为5类。1.输出设备（显示器、打印机、音箱等）；2.输入设备（鼠标、键盘、摄像头等）；3.中央处理器；4.储存器（内存、硬盘、光盘、U盘以及储存卡等）；5.主板（在各个部件之间进行协调工作，是一个重要的连接载体）。

· 机箱

机箱除了给计算机系统建立一个外观形象之外，还为计算机系统的其他配件提供安装支架。另外，它还可以减轻机箱内向外辐射的电磁污染，保护用户的健康和其他设备的正常使用，真可称得上是计算机各配件的"家"。目前市场上的主流产品

是采用 ATX 结构的立式机箱，AT 结构的机箱已经被淘汰了。机箱内部前面板侧有用于安装硬盘、光驱、软驱的托架，后面板侧上部有一个用来安装电源的位置，除此之外，其内部还附有一些引线，用于连接 POWER 键（电源键）、RESET 键（复位键）、PC 扬声器以及一些指示灯。

· 主板

主板是计算机系统中最大的一块电路板，主板又叫主机板、系统板或母板，它安装在机箱内，也是微机最重要的部件之一，它的类型和档次决定整个微机系统的类型和档次。它可分为 AT 主板和 ATX 主板。主板是由各种接口、扩展槽、插座以及芯片组组成。主板选购的基本策略：速

等等。CPU 的生产厂商现在主要有 Intel、AMD 两家，其中 Intel 公司的 CPU 产品市场占有量最高。目前市场上主流的 CPU 有：Intel 公司的 Conroe 系列、Pentium E 系列、Celeron 系列；AMD 公司的羿龙系列、Athlon64 X2 系列、速龙系列等等。

度、稳定性兼容性、扩充能力、升级能力主板中的芯片组是构成主板的核心，其作用是在 BIOS 和操作系统的控制下规定的技术标准和规范，通过主板为微机系统中的 CPU、内存条、图形卡等部件建立可靠、正确的安装、运行环境，为各种 IDE/SATA 接口存储以及其他外部设备提供方便、可靠的连接接口。

• 中央处理器

CPU（Central Processing Unit, 中央处理器）是计算机最重要的部件之一，是一台电脑的核心，相当于人的大脑，它的内部结构分为控制单元、逻辑单元和存储单元三大部分。目前 CPU 主要接口类型有两种：一种是 INTEL 的 LGA775，另一种是 AMD 的 Socket940。CPU 的主要性能指标：主频、前端总线频率、L1 和 L2Cache 的容量和速率、支持的扩展指令集、CPU 内核工作电压地址总线宽度

• 内存

内存泛指计算机系统中存放数据与指令的半导体存储单元。按其用途可分为主存储器和辅助存储器。按工作原理分为 ROM 和 RAM。ROM 可分为只读 ROM、可编程可擦除 ROM 和可编程 ROM. 而 RAM 可分为静态 RAM 和动态 RAM。内存（RAM）是 CPU 处理信息的地方，它的计算单位是兆字节 MB，即 Million Bytes。1 个字节又由 8 位（bit）二进制数（0、1）组成。存储 1 个英文字母需要占用 1 个字节（Byte）空间。而存储 1 个汉字则需占 2 个字节空间。早期的计算机主要运行 D05 系统和 DOS 程序。那时内存的价格是很贵的，DOS 对内存的要

求也不高，只需 640KB（1KB=1024B），所以那时的计算机内存配得都不大，1MB 或 2MB 就很好。现在内存价格大大降低了，由于现在的 Windows 系统和一些新的应用软件对内存的需要越来越多，内存越大，它工作得就越好。

内存是电脑中的主要部件，它是相对于外存而言的。我们平常使用的程序，如 Windows 操作系统、打字软件、游戏软件等，一般都是安装在硬盘等外存上的，但仅此是不能使用其功能的，必须把它们调入内存中运行，才能真正使用其功能，我们平时输入一段文字或玩一个游戏，其实都是在内存中进行的。通常我们把要永久保存的、大量的数据存储在外存上，而把一些临时的或少量的数据和程序放在内存上，当然内存的好坏会直接影响电脑的运行速度。

• 硬盘

硬盘是一种主要的电脑存储媒介，由一个或者多个铝制或者玻璃制的碟片组成。这些碟片外覆盖有铁磁性材料。绝大多数硬盘都是固定硬盘，被永久性地密封固定在硬盘驱动器中。不过，现在可移动硬盘越来越普及，种类也越来越多。

• 光盘驱动器

随光驱的机械装置和软驱很类似，其中共有 3 个马达，分别控制不同的功能。光驱的上面有一个用来旋转光盘片的马达，和一个驱动镭射针头读取资料的马达，还有第三个马达，专门负责驱动光盘片的插入和退出装置。

计算机的 CD 驱动器与音乐光盘很相似，使用激光束阅读数据，并且数据 CD 存储信息的容量达 700 MB。CD 驱动器可用来检索大量的数据或在工作时播放您喜欢的音乐 CD。

　　新型的 DVD 光驱的外形和操作与一般的 CD 光驱类似，DVD 光盘的容量是 CD 的 7 倍以上。

• 软驱

　　随着 U 盘、读卡器、移动硬盘的普及，软驱已经没有实用价值。

• 显卡

　　显卡是显示器与主机通信的控制电路和接口，其作用是将主机的数字信号转换为模拟信号，并在显示器上显示出来。显卡的基本作用就是控制图形的输出，它工作在 CPU 和显示器之间，它的主要部件有显示芯片、RAMDAC、显示内存、BIOS 芯片及插座、特性连接器等。显卡的三项重要指标：刷新频率、分辨率、色深。

从总线类型分，显示卡有 PCI、AGP、PCI-E 三种。

　　整合显卡的 2D 性能差不多能完全满足现在一般人士工作和学习的需要，其最大瓶颈落在 3D 性能上，而决定整合显卡 3D 性能的主要因素除了显示核心外，就是整合显卡的显存大小了。

• 声卡

　　声卡也叫音频卡，是多媒体技术中最基本的组成部分，是实现声波 / 数字信号相互转换的一种硬件。声卡的基本功能是把来自话筒、磁带、光盘的原始声音信号加以转换，输出到耳机、扬声器、扩音机、录音机等声响设备，或通过音乐设备数字接口使乐器发出美妙的声音。

　　声卡是计算机进行声音处理的适配器。它有三个基本功能：一是音乐合成发音功能；二是混音器功能和数字声音效果处理器功能；三是模拟声音信号的输入和输出功能。声卡处理的声音信息在计算机中以文件的形式存储。声卡工作应有相应的软件支持，包括驱动程序、混频程序和CD 播放程序等。

• 网卡

网络接口卡又称网络适配器，简称网卡。用于实现联网计算机和网络电缆之间的物理连接，为计算机之间相互通信提供一条物理通道，并通过这条通道进行高速数据传输。在局域网中，每一台联网计算机都需要安装一块或多块网卡，通过介质连接器将计算机接入网络电缆系统。网卡完成物理层和数据链路层的大部分功能，包括网卡与网络电缆的物理连接、介质访

问控制（如：CSMA/CD）、数据帧的拆装、帧的发送与接收、错误校验、数据信号的编 / 解码（如：曼彻斯特代码的转换）、数据的串、并行转换等功能。

• 电源

自从 IBM 推出第一台 PC 至今，微机电源已从 AT 电源发展到 ATX 电源。时至今日，微机电源仍是根据 IBM 公司的个人电脑标准制造的。市场上的 ATX 电源，

不管是品牌电源还是杂牌电源，从电路原理上来看，一般都是在 AT 电源的基础上，做了适当的改动发展而来的，因此，我们买到的 ATX 电源，在电路原理上都大同小异。在微机国产化的进程上，微机电源技术也由国内生产厂家逐渐消化吸收，生产出了众多国有品牌的电源。微机电源并非高科技产品，以国内生产厂家的技术和生产实力，应该可以生产出物美价廉的电源产品。然而，综观整个微机电源市场情况却不尽人意，许多电源产品存在着各种选料和质量问题，故障率较高。

ATX 电源电路结构较复杂，各部分电路不但在功能上相互配合、相互渗透，且各电路参数设置非常严格，稍有不当则电路不能正常工作。整个电路可以分成两大部分：一部分为从电源输入到开关变压器之前的电路（包括辅助电源的原边电路），该部分电路和交流 220V 电压直接相连,触及会受到电击，称为高压侧电路；另一部分为开关变压器以后的电路，不和交流 220V 电压直接相连，称为低压侧电路。二者通过高压瓷片电容构成回路，以消除静电干扰。其整机电路由交流输入回路、整流滤波电路、推挽开关电路、辅助开关电源、PWM 脉宽调制电路、PS–ON 控制电路、保护电路、输出电路和 PW–OK 信号形成电路组成。弄清各部分电路的工作原理及相互关系对我们维修判断故障是很有用处的。

• 显示器

　　显示器是计算机的主要输出设备，没有它，我们和计算机打交道的时候，将变成睁眼瞎。也许您的工作每天都需要面对计算机的屏幕，可是您是否真正的了解它呢? 正因为这样很多人在购买电脑时，只关心显示器是 14 英寸还是 15 英寸的，而并不关心显示器的其他性能，其实购买一台电脑最不应该省钱的就是显示器了。目前显视器品牌繁多，市场上常见的品牌有：戴尔、三星、索尼、LG、优派、飞利浦、宏基、美格、EMC 等不下几十种。根据显像原理划分，显示器可以分为 CRT 显示器（阴极射线管显示器）、LCD 显视器（液晶矩阵平面显示器）和等离子显示器等。其中常见的是 CRT 显示器和 LCD 显示器。

　　显示器由监视器 (Monitor) 和显示适配器 (俗称显卡 Adapter) 两部分组成。

• 键盘

　　键盘是最常用也是最主要的输入设备，通过键盘，可以将英文字母、数字、标点符号等输入到计算机中，从而向计算机发出命令、输入数据等。自 IBM PC 推出以来，键盘经历了 83 键、84 键和 101/102 键，Windows95 面世后，在 101 键盘的基础上改进成了 104/105 键盘，增加了两个 Windows 按键。为了使人操作电脑更舒适，于是出现"人体键盘"，键盘的形状非常符合两手的摆放姿势，操作起来就特别的轻松。

　　键盘有机械式按键和电容式按键两种，在工控机键盘中还有一种轻触薄膜按键的键盘。机械式键盘是最早被采用的结构，一般类似金属接触式开关的原理使触点导通或断开，具有工艺简单、维修方便、手感一般、噪声大、易磨损的特性，大部分廉价的机械键盘采用铜片弹簧作为弹性材料，铜片易折易失去弹性，使用时间一长故障率升高，现在已基本被淘汰，取而代之的是电容式键盘。它是基于电容式开关的键盘，原理是通过按键改变电极间的距离产生电容量的变化，暂时形成震荡脉冲允许通过

• 鼠标

鼠标首先应用于苹果电脑。随着 Windows 操作系统的流行，鼠标变成了必需品，更有些软件必须要安装鼠标才能运行，简直是无鼠寸步难行。从接口来讲，鼠标有两种类型：PS/2 型鼠标和串行鼠标。从鼠标的构造来讲，有机械式和光电式。光电鼠标是利用光的反射来确定鼠标的移动，鼠标内部有红外光发射和接受装置，要让光电式鼠标发挥出强大的功能，

的条件。理论上这种开关是无触点非接触式的，磨损率极小甚至可以忽略不计，也没有接触不良的隐患，具有噪音小、容易控制手感的优点，可以制造出高质量的键盘，但工艺较机械结构复杂。还有一种用于工控机的键盘为了完全密封采用轻触薄膜按键，只适用于特殊场合。

键盘的外形分为标准键盘和人体工程学键盘，人体工程学键盘是在标准键盘上将指法规定的左手键区和右手键区这两大板块左右分开，并形成一定角度，使操作者不必有意识的夹紧双臂，保持一种比较自然的形态，这种设计的键盘被微软公司命名为自然键盘，对于习惯盲打的用户可以有效地减少左右手键区的误击率，如字母"G"和"H"。有的人体工程学键盘还有意加大常用键如空格键和回车键的面积，在键盘的下部增加护手托板，给以前悬空的手腕以支持点，减少由于手腕长期悬空导致的疲劳。这些都可以视为人性化的设计。

一定要配备一块专用的感光板。光电鼠标的定位精度要比机械鼠标高出许多。另外鼠标还有单键、两键和三键之分，苹果电脑通常都使用单键鼠标，两键鼠标通常叫做 MS 鼠标，三键鼠标叫作 PC 鼠标。但鼠标用于两键或三键主要决定于软件，比如对于 Windows 98 和 Windows95 及其应用软件，鼠标只能用于两键状态，否则

电脑不认，但有些软件可支持第三键，比如 AutoCAD。

新出现的无线鼠标和 3D 振动鼠标都是比较新颖的鼠标。无线鼠标器是为了适应大屏幕显示器而生产的。所谓"无线"，即没有电线连接，而是采用两节七号电池无线摇控，鼠标器有自动休眠功能，电池可用上一年，接收范围在 1.8 米以内。

3D 振动鼠标是一种新型的鼠标器，它不仅可以当作普通的鼠标器使用，而且具有以下几个特点：

1. 具有全方位立体控制能力。它具有前、后、左、右、上、下 6 个移动方向，而且可以组合出前右，左下等的移动方向。

2. 外形和普通鼠标不同。一般由一个扇形的底座和一个能够活动的控制器构成。

3. 具有振动功能，即触觉回馈功能。玩某些游戏时，当你被敌人击中时，你会感觉到你的鼠标也振动了。

4. 是真正的三键式鼠标。无论 DOS 或 Windows 环境下，鼠标的中间键和右键都大派用场。

• 主板诊断卡

也叫 POST 卡，其工作原理是利用主板中 BIOS 内部程序的检测结果，通过主板诊断卡代码显示出来，结合诊断卡的代码含义速查表就能很快地知道电脑故障所在。尤其在 PC 机不能引导操作系统、黑屏、喇叭不叫时，使用本卡更能体现其便利，事半功倍。

主板上的 BIOS 在每次开机时，会对系统的电路、存储器、键盘、视频部分、硬盘、软驱等各个组件进行严格测试，并分析硬盘系统配置，对已配置的基本 I/O 设置进行初始化，一切正常后，再引导操

作系统。其显著特点是以是否出现光标为分界线，先对关键性部件进行测试，关键性部件发生故障强时制机器转入停机，显示器无光标，且屏幕无任何反应。然后，对非关键性部件进行测试，如有故障，机

29

器也继续运行，同时显示器显示出错信息。当计算机出现关键性故障，屏幕上无显示时，很难判断计算机故障所在，此时可以将本卡插入扩充槽内，根据卡上显示的代码，参照计算机所属的 BIOS 种类，再通过主板诊断卡的代码含义速查表查出该代码所表示的故障原因和部位，就可清楚地知道故障所在。

主板诊断卡的功能很强大，报告错误的能力远远超过 BIOS 自身通过铃声报错的能力，既适合于电脑爱好者个人使用，也适合于主板维修行业。

• 打印机

通过它可以把电脑中的文件打印到纸上，它是重要的输出设备之一。目前，在打印机领域形成了针式打印机、喷墨打印机、激光打印机三足鼎立的主流产品，各自发挥其优点，满足各界用户不同的需求。

保护电脑配件 ❯

• 硬盘最忌震动

运送带硬盘的电脑不能简单把它们搬运到某个地方，要注意防止一些大的震动的产生。因为硬盘是复杂的机械装置，装

在电脑内部，容忍度有限。大的震动会让磁头组件碰到盘片上，引起硬盘读写头划破盘表面，这样可能损坏磁盘面，潜在地破坏存在硬盘上的数据，更严重的还可能损坏读写头，使硬盘永久无法使用。

所以，我们一定要把读写头安置在盘的安全区，然后才能搬动；在搬动的过程中一定要动作轻；如果打算用车来运输它，最好把它放在车厢的后面位置上；如果是通过邮寄，请将它很好地包裹起来。

• 主板最忌静电和形变

静电可能会蚀化主板上 BIOS 芯片和数据，损坏各种基于 mos 晶体管的接口门电路，它们一坏，所有的"用户"（插在它上面的板卡或设备）都互相找不到了，因为它们的联系是靠总线、控制芯片组、控制电路来协调和实现的。

所以，要尽量用柔软、防静电的物品包裹主板，注意用手触摸它时，要先触摸一下导体，使手上的静电放出，再轻拿轻放。

另外，主板的变形可能会使线路板断裂、元件脱焊，主板上的线路可是密得很，断裂了你根本就找不到。因此携带主板时

尽量不要让其他物品放在主板上面，最好将其放入主板包装盒中携带；在安装主板

时，一定要仔细将其平稳地安装在机箱上，不要一边高一边低；在插显卡、声卡或其他卡时，注意一定要压力适中，平衡施力。

• 内存最忌超频

因为内存与CPU有着直接的联系，所以内存是CPU提速最难解决的瓶颈，为了解决这一问题，人们在两者之间加入了高速缓存来缓解CPU与主存速度的不匹配问题。外频越高，工作的速度也就越快，同时，内存由于需要工作在CPU的相同外频下，所以当CPU超频时，内存是否同外频保持一致是超频成功的关键，最重要是超频一旦使内存达不到所需频率，极易出现黑屏，甚至发热损坏。

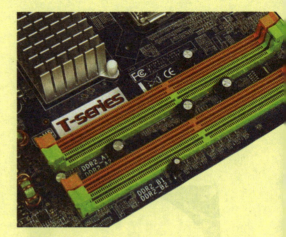

• CPU最忌高温和高电压

虽然CPU有小风扇保护，但随着耗用电流的增加所产生的热量也随之增加，从而使CPU的温度随之上升。高温容易使内部线路发生电子迁移，导致电脑经常死机，缩短CPU的寿命，高电压更是危险，很容易烧毁你的CPU。

预防上述情况的发生，方法有加装辅助散热风扇，散热风扇要保持干净，定期做预防保养；打雷下雨天，不打开电脑，且将电脑的电源插头拔下；配用稳压器；超频时应尽可能不要用提高内核电压来帮助超频，因为这是得不偿失的。

• 光驱最忌灰尘、震动和粗劣的光盘

光驱出现读盘速度变慢或不读盘的故障，主要是激光头出现问题所致。除了激光头自身寿命有限的原因外，无孔不入的灰尘也是影响激光头寿命的主要因素。灰尘不仅影响激光头的读盘质量和寿命，还会影响光驱内部各机械部件的精度。所以保持光驱的清洁显得尤为重要。

对于光驱的机械部件一般使用棉签酒精擦拭即可，但激光头不能使用酒精和其他清洁剂，可以使用气囊对准激光头吹掉灰尘。

由上可知，灰尘是激光头的"杀手"，但震动同样会使光头"打碟"，损坏光头。所以，我们在选择光驱时，震动大小也是一个重要的参考要素，同时，在安装光驱时，尽量将光驱两旁的螺丝扭紧，让其固定在机箱上，也可以减小其震动。

另外粗劣的光盘也是光驱的大敌，它

会加大光头伺服电路的负担，加速机芯的磨损，加快激光管的老化。不知道你是否了解，现在市面上流行的 DVCD 是光驱最危险的敌人，因为它的光点距离与普通光

驱设计标准点距小得多，光驱读它就像近视眼人看蝇头小字一样困难，说不定哪天就"瞎眼了"。

• 键盘最忌潮气、灰尘、拉拽

现在大部分的键盘都采用塑料薄膜开关，即开关由三线塑料薄膜构成，中间一张是带孔的绝缘薄膜，两边的薄膜上镀上金属线路和触点，受潮腐蚀、沾染灰尘都会使键盘触点接触不良，操作不灵。发现这种情况后应很仔细地打开键盘的后盖用棕刷或吸尘器将脏物清除出来。拖拽易使键盘线断裂，使键盘出现故障。

所以，我们要尽量保持工作场所的干净整洁，特别是键盘边上要干净；不要在电脑附近吸烟；不要在键盘附近吃东西；不要把喝水的杯子放在键盘附近；不要带电地插拔键盘；定期地用纯酒精擦洗键盘；使用键盘时，尽量不拖拽键盘；键盘不用时，要盖上保护罩。

• 鼠标最忌灰尘、强光、拉拽

现在大多数人使用的都还是光电鼠标，这类鼠标价格便宜、使用方便，但有个最大的问题，就是容易脏，小球和滚轴上沾上灰尘会使鼠标机械部件运作不灵。另外，强光会干扰光电管接收信号，拉拽同样会使"鼠尾"断裂，使鼠标失灵。

所以，我们要定期清洗鼠标的小球和滚轴；尽量使用专用鼠标垫，定期清洁鼠标垫，鼠标垫要根据不同的材料选择不同的清洁剂，能用清水解决问题最好；避免在阳光下打开、使用鼠标。

• 显示器最忌高温、高压

显示器是与人进行交流的界面，也是整个电脑系统中的耗电大户，是最容易损坏的部件。它最忌的是冲击、高温、高压、灰尘、很高的亮度和对比度等，由于显像管很精密，瞬间冲击会损伤它，容易发生诸如断灯丝、裂管颈、漏气等问题；高温易使电源开关管损坏，温度越高开关管越容易击穿损坏，所以它的散热片很大；灰尘易使高压电路打火。很高的亮度和对比度会降低荧光粉的寿命，使显示器用不了几年就会"面目无光"，色彩黯淡。

33

所以我们在使用电脑时，尽量不要频繁地开机、关机，因为显像管的灯丝冷阻很小，刚开机时冲击电流很大，频繁开机不利于保护灯丝，另外对显像管阴极度也有影响；要避免太阳光、高强度电光直接照射显示器，因为它们会提升显示器的温度，加速显示器显像管老化，显示器不用时请用罩布罩好；如长期不用，应定期加电驱潮，防止突然开机产生高压打火，造成烧坏元器件故障；显示器应放置在通风散热良好的地方，顶部的散热孔不要放置其他物品。

计算机软件 ＞

计算机软件是一系列按照特定顺序组织的计算机数据和指令的集合。一般来讲软件被划分为编程语言、系统软件、应用软件和介于这两者之间的中间件。

软件是用户与硬件之间的接口界面。用户主要是通过软件与计算机进行交流。软件是计算机系统设计的重要依据。为了方便用户，为了使计算机系统具有较高的总体效用，在设计计算机系统时，必须全局考虑软件与硬件的结合，以及用户的要求和软件的要求。

1.运行时，能够提供所要求功能和性能的指令或计算机程序集合。

2.程序能够满意地处理信息的数据结构。

3.描述程序功能需求以及程序如何操作和使用所要求的文档。

以开发语言作为描述语言，可以认为：软件=程序+数据+文档

- 系统软件

系统软件为计算机使用提供最基本的功能，可分为操作系统和支撑软件，其中操作系统是最基本的软件。系统软件是负责管理计算机系统中各种独立的硬件，使得它们可以协调工作。系统软件使得计算机使用者和其他软件将计算机当作一个整体而不需要顾及到底层每个硬件是如何工作的。

1.操作系统是一种管理计算机硬件与软件资源的程序，同时也是计算机系统的内核与基石。操作系统身负诸如管理与配置内存、决定系统资源供需的优先次序、控制输入与输出设备、操作网络与管理文件系统等基本事务。操作系统也提供一个让使用者与系统交互的操作接口。

2.支撑软件是支撑各种软件的开发与维护的软件，又称为软件开发环境（SDE）。它主要包括环境数据库、各种接口软件和工具组。著名的软件开发环境有 IBM 公司的 Web Sphere 和微软公司等。

支撑软件包括一系列基本的工具（比如编译器、数据库管理、存储器格式化、文件系统管理、用户身份验证、驱动管理、网络连接等方面的工具）。

- 应用软件

系统软件并不针对某一特定应用领域，而应用软件则相反，不同的应用软件根据用户和所服务的领域提供不同的功能。应用软件是为了某种特定的用途而被开发的软件。它可以是一个特定的程序，比如一个图像浏览器，也可以是一组功能联系紧密，可以互相协作的程序的集合，比如微软的 Office 软件，也可以是一个由众多独立程序组成的庞大的软件系统，比如数据库管理系统。

- 手机软件

顾名思义，所谓手机软件就是可以安装在手机上的软件，完善原始系统的不足与个性化。随着科技的发展，现在手机的功能也越来越多，越来越强大。不是像过去的那么简单死板，目前发展到了可以和掌上电脑相媲美。手机软件与电脑一样，下载手机软件时还要考虑你购买这一款手机所安装的系统来决定要下相对应的软件。

- 授权方式

不同的软件一般都有对应的软件授权，软件的用户必须在同意所使用软件的许可证的情况下才能够合法的使用软件。从另一方面来讲，特定软件的许可条款也不能够与法律相抵触。

依据许可方式的不同，大致可将软件区分为几类：

- 专属软件

此类授权通常不允许用户随意的复

制、研究、修改或散布该软件。违反此类授权通常会有严重的法律责任。传统的商业软件公司会采用此类授权，例如微软的Windows 和办公软件。专属软件的源码通常被公司视为私有财产而予以严密的保护。

自由软件

此类授权正好与专属软件相反，赋予用户复制、研究、修改和散布该软件的权利，并提供源码供用户自由使用，仅给予些许的其他限制。以 Linux、Firefox 和 Open Office 作为此类软件的代表。

共享软件

通常可免费取得并使用其试用版，但在功能或使用期间上受到限制。开发者会鼓励用户付费以取得功能完整的商业版本。

免费软件

可免费取得和转载，但并不提供源码，也无法修改。

公共软件

原作者已放弃权利，著作权过期，或作者已经不可考究的软件。使用上无任何限制。

开发语言 〉

Java

作为跨平台的语言，可以运行在 Windows 和 Unix/Linux 下面，长期成为用户的首选。自JDK6.0 以来，整体性能得到了极大的提高，市场使用率超过20%。感觉已经达到了其鼎盛时期了，不知道后面能维持多长时间。

C/C++

以上 2 个作为传统的语言，一直在效率第一的领域发挥着极大的影响力。像Java 这类的语言，其核心都是用 C/C++ 写的。在高并发和实时处理工控等领域更是首选。

VB

美国计算机科学家约翰·凯梅尼和托马斯·库尔茨于 1959 年研制的一种"初学者通用符号指令代码"，简称BASIC。由于 BASIC 语言易学易用，它很快就成为流行的计算机语言之一。

• Php

同样是跨平台的脚本语言，在网站编程上成为了大家的首选，支持 PHP 的主机非常便宜，PHP+Linux+MySQL+Apache 的组合简单有效。

• Perl

脚本语言的先驱，其优秀的文本处理能力，特别是正则表达式，成为了以后许多基于网站开发语言（比如 php、java、C++）的这方面的基础。

• Python

是一种面向对象的解释性的计算机程序设计语言，也是一种功能强大而完善的通用型语言，已经具有十多年的发展历史，成熟且稳定。Python 具有脚本语言中最丰富和强大的类库，足以支持绝大多数日常应用。这种语言具有非常简捷而清晰的语法特点，适合完成各种高层任务，几乎可以在所有的操作系统中运行。目前，基于这种语言的相关技术正在飞速的发展，

用户数量急剧扩大，相关的资源非常多。

• C#

是微软公司发布的一种面向对象的、运行于 NET Framework 之上的高级程序设计语言，并定于在微软职业开发者论坛(PDC) 上登台亮相。C# 是微软公司研究员 Anders Hejlsberg 的最新成果。C# 看起来与 Java 有着惊人的相似；它包括了诸如单一继承、界面、与 Java 几乎同样的语法，和编译成中间代码再运行的过程。但是 C# 与 Java 有着明显的不同，它借鉴了 Delphi 的一个特点，与 COM(组件对象模型) 是直接集成的，而且它是微软公司 NET windows 网络框架的主角。

• Javascript

Javascript 是一种由 Netscape 的 LiveScript 发展而来的脚本语言，主要目的是为了解决服务器终端语言，比如 Perl 遗留的速度问题。当时服务端需要对数据进行验证，由于网络速度相当缓慢，只有 28.8kbps，验证步骤浪费的时间太多。于是 Netscape 的浏览器 Navigator 加入了 Javascript，提供了数据验证的基本功能。

• Ruby

一种为简单快捷面向对象编程（面向对象程序设计）而创的脚本语言，由

日本人松本行弘开发，遵守 GPL 协议和 Ruby License。Ruby 的作者认为 Ruby > (Smalltalk + Perl) / 2，表示 Ruby 是一个语法像 Smalltalk 一样完全面向对象、脚本执行、又有 Perl 强大的文字处理功能的编程语言。

- Fortran

在科学计算软件领域，Fortran 曾经是最主要的编程语言。比较有代表性的有 Fortran 77、Watcom Fortran、NDP Fortran 等。

- Objective c

这是一种运行在苹果公司的 mac os x, iOS 操作系统上的语言。这两种操作系统的上层图形环境，应用程序编程框架都是使用该语言实现的。随着 iPhone,iPad 的流行，这种语言也开始在全世界流行。

- Pascal

Pascal 是一种计算机通用的高级程序设计语言。Pascal 的取名是为了纪念 17 世纪法国著名哲学家和数学家 Blaise Pascal。它由瑞士 Niklaus Wirth 教授于 60 年代末设计并创立。Pascal 语言语法严谨，层次分明，程序易写，具有很强的可读性，是第一个结构化的编程语言。

软件工程师 〉

一般指从事软件开发职业的人。软件工程师10余年来一直占据高薪职业排行榜的前列，作为高科技行业的代表，技术含量很高，职位的争夺也异常激烈。软件开发是一个系统的过程，需要经过市场需求分析、软件代码编写、软件测试、软件维护等程序。软件开发工程师在整个过程中扮演着非常重要的角色，主要从事根据需求开发项目软件工作。

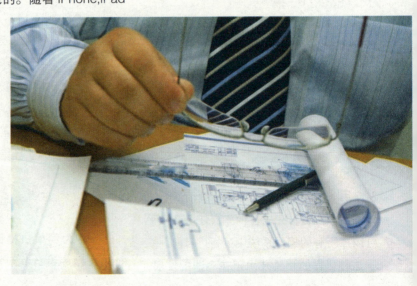

计算机软件的法律保护

计算机软件作为一种知识产品，其要获得法律保护，必须具备以下条件：

（一）原创性。即软件应该是开发者独立设计、独立编制的编码组合。

（二）可感知性。受保护的软件须固定在某种有形物体上，通过客观手段表达出来并为人们所知悉。

（三）可再现性。即把软件转载在有形物体上的可能性。

根据《计算机软件保护条例》第 10 条的规定，计算机软件著作权归属软件开发者。因此，确定计算机软件著作权归属的一般原则是"谁开发谁享有著作权"。软件开发者指实际组织进行开发工作，提供工作条件完成软件开发，并对软件承担责任的法人或者非法人单位，以及依靠自己具有的条件完成软件开发，并对软件承担责任的公民。

最伤害硬盘的软件 〉

• 编码错误的DVDRip

现在网上由 DVD 转录压缩的 DVDRip 格式的影片相当受欢迎。这种格式的影片清晰度和 DVD 相差无几，但下载一部影片只有 700MB—1.3GB 大小，因此很多用户喜欢将 DVDRip 格式的影片下载到硬盘上慢慢欣赏。不过，播放这种格式的影片对系统有较高的要求：除了 CPU、显卡要求足够强劲以保证播放流畅外，硬盘负荷也非常大，因为播放 DVDRip 就是一个不断解码解压缩，再输送到显示系统的

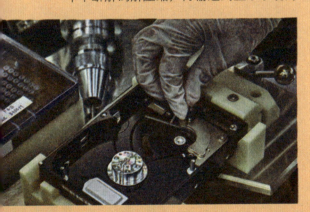

过程。笔者发现，在遇到有编码错误的 DVDRip 文件时，Windows 会出现磁盘占用率非常高的现象：系统不断想要把编码转换为视频信号，但编码错误的文件索引和相应的信号段是不匹配的。此时，硬盘灯会不断地闪烁，整个系统对用户的操作响应极慢，用户点击菜单但几乎没有反应。

如果编码错误较多，系统有时候甚至会死机。很多用户在此时非常不耐烦，直接按下机箱上的 RESET 键甚至是直接关闭计算机电源，在硬盘磁头没有正常复位的情况下，这种操作相当危险！

• Bittorrent下载

Bittorrent 下载是宽带时代新兴的 P2P 交换文件模式，各用户之间共享资源，互相当种子和中继站，俗称 BT 下载。由于每个用户的下载和上传几乎是同时进行，因此下载的速度非常快。不过，它会将下载的数据直接写进硬盘（不像 FlashGet 等下载工具可以调整缓存，到指定的数据量后才写入硬盘），因此对硬盘的占用率比 FTP 下载要大得多！

此外，BT 下载事先要申请硬盘空间，在下载较大的文件的时候，一般会有 2—3 分钟时间使整个系统优先权全部被申请空间的任务占用，导致其他任务反应极慢。有些人为了充分利用带宽，还会同时进行几个 BT 下载任务，此时就非常容易出现由于磁盘占用率过高而导致的死机故障。

因此，除非你的电脑硬件配置相当高，否则在 BT 下载作出改进以前，如果要进行长时间、多任务的下载应用，最好还是采用传统的 FTP 软件。

· PQMAGIC转换的危险

PQMAGIC 是大名鼎鼎的分区魔术师，能在不破坏数据的情况下自由调整分区大小及格式。不过，PQMAGIC 刚刚推出的时候，一般用户的硬盘也就 2GB 左右，而现在 60—80GB 的硬盘已是随处可见，PQMAGIC 早就力不从心了：调整带数据的、5GB 以上的分区，通常都需要 1 小时以上！

除了容量因素影响外，PQMAGIC 调整硬盘分区时，大量的时间都花在校验数据和检测硬盘上，可以看出，在这种情况下"无损分区"是很难保证的：由于转换的速度很慢，耗时过长，转换调整过程中，很容易因为计算机断电、死机等因素造成数据丢失。这种损失通常是一个或数个分区丢失，或是容量变得异常，严重时甚至会导致整个硬盘的数据无法读取。

· 硬盘保护软件造成的异常

容易造成硬盘异常的，还有硬盘保护软件。比如"还原精灵"，由于很多人不注意在重装系统或是重新分区前将它正常卸载，往往会发生系统无法完全安装等情况。此时再想安装并卸载"还原精灵"，却又提示软件已经安装，无法继续，陷入死循环中。这种故障是由于"还原精灵"接管了 INT13 中断，在操作系统之前就控制了硬盘的引导，用 FDISK/MBR 指令也无法解决。本来这只是软件的故障，但很多人经验不足，出了问题会找各种分区工具"试验"，甚至轻率地低级格式化，在这样的折腾之下，硬盘很可能提前夭折！

· 频繁地整理磁盘碎片

磁盘碎片整理和系统还原本来是 Windows 提供的正常功能，不过如果你频繁地做这些操作，对硬盘是有害无利的。磁盘整理要对硬盘进行底层分析，判断哪些数据可以移动、哪些数据不可以移动，再对文件进行分类排序。在正式安排好硬盘数据结构前，它会不断随机读取写入数据到其他簇，排好顺序后再把数据移回适当位置，这些操作都会占用大量的 CPU 和磁盘资源。其实，对现在的大硬盘而言，文档和邮件占用的空间比例非常小，多数人买大硬盘是用来装电影和音乐的，这些分区根本无需频繁整理。因为播放多媒体文件的效果和磁盘结构根本没有关系，播放速度是由显卡和 CPU 决定的。

电脑家族

台式机 >

台式机也叫桌面机，是一种独立相分离的计算机，完完全全跟其他部件无联系，相对于笔记本和上网本体积较大，主机、显示器等设备一般都是相对独立的，一般需要放置在电脑桌或者专门的工作台上。因此命名为台式机。虽然现在非常流行的微型计算机，但多数人家里和公司用的机器都是台式机。台式机的性能相对较笔记本电脑要强。台式机具有如下特点：

散热性。台式机具有笔记本计算机所无法比拟的优点。台式机的机箱具有空间大、通风条件好的因素而一直被人们广泛使用。

扩展性。台式机的机箱方便用户硬件升级，如光驱、硬盘。如现在台式机箱的光驱驱动器插槽是4—5个，硬盘驱动器插槽是4—5个，非常方便用户日后的硬件升级。

保护性。台式机全方面保护硬件不受灰尘的侵害。而且防水性不错；在笔记本中这项发展不是很好。

明确性。台式机机箱的开、关键、重启键、USB、音频接口都在机箱前置面板中，方便用户的使用。

但台式机的便携性差，相比笔记本是硬伤。

电脑一体机 〉

电脑一体机，是由一台显示器、一个电脑键盘和一个鼠标组成的电脑。它的芯片、主板与显示器集成在一起，显示器就是一台电脑，因此只要将键盘和鼠标连接到显示器上，机器就能使用。随着无线技术的发展，电脑一体机的键盘、鼠标与显示器可实现无线连接，机器只有一根电源线。这就解决了一直为人诟病的台式机线缆多而杂的问题。

联想一体台式机可节省最多 70% 的桌面空间。

超值整合：同价位拥有更多功能部件，集摄像头、无线网卡、音箱、蓝牙、耳麦等于一身。

节能环保：一体台式机更节能环保，耗电仅为传统分体台式机的 1/3（分体台式机 2 个小时耗 1 度电，一体台式机 6 小时仅耗 1 度电），带来更小电磁辐射。

潮流外观：一体台式机简约、时尚的实体化设计，更符合现代人对家居节约空间、美观的宗旨。

• **优点**

简约无线：最简洁优化的线路连接方式，只需要一根电源线就可以完成所有连接。减少了音箱线、摄像头线、视频线、网线、键盘线、鼠标线等。

节省空间：比传统分体台式机更纤细，

• **缺点**

因为涉及到散热及制造工艺等方面的原因，电脑一体机难有高功耗高配置机型。

大家使用老式电脑有了较长的时间，基本的形状大家都已经有很深的了解，想要改变人的思维定势，电脑一体机产品还有一段路要走。

散热方面：电脑一体机的散热问题是制约一体机发展的主要原因，现在市场又兴起的电脑一体机热，代表散热问题正在逐步解决中。截至2010年10月底，各大电脑城出现了一款日海一体机，率先引进欧洲技术，其配件革命性地全部采用笔记本配件，解决了传统一体机散热性差的问题。试想：一体机的机器空间比笔记本大，内部配件是笔记本配件，那么散热性能一定比笔记本优秀得多。

升级方面：升级是个问题，如何提升电脑一体机的可升级性是生产制造厂商应该考虑的问题，如何确保电脑一体机在一段时间内不过时，就需要生产制造厂商在硬件配制方面确实下点功夫。解决方案：1.一体机配置考虑多个用户群需求，提供多个配置选择；2.硬件布局设计时，考虑日后升级需要，方便升级。

维修方面：一体机的维修需要专业人员来维护，在购机时一定要考虑生产制造厂商的售后服务问题。

笔记本电脑 ›

英文名称为portable、laptop、notebook computer，简称NB，俗称笔记本电脑。又称手提电脑或膝上型电脑，是一种小型、可携带的个人电脑，通常重1—3千克。其发展趋势是体积越来越小，重量越来越轻，而功能却越发强大。像Netbook，也就是俗称的上网本，跟PC的主要区别在于其便携带方便。

笔记本与台式机相比，笔记本电脑

有着类似的结构组成（显示器、键盘、鼠标、CPU、内存和硬盘），但是笔记本电脑的优势还是非常明显的，其主要优点有体积小、重量轻、携带方便。一般说来，便携性是笔记本相对于台式机电脑最大的优势。一般的笔记本电脑的重量

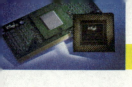

只有2千克左右，无论是外出工作还是旅游，都可以随身携带，非常方便。

超轻超薄是时下笔记本电脑的主要发展方向，但这并没有影响其性能的提高和功能的丰富。同时，其便携性和备用电源使移动办公成为可能。由于这些优势的存在，笔记本电脑越来越受用户推崇，市场容量迅速扩展。

从用途上看，笔记本电脑一般可以分为4类：商务型、时尚型、多媒体应用、特殊用途。商务型笔记本电脑的特征一般为移动性强、电池续航时间长；时尚型外观特异也有适合商务使用的时尚型笔记本电脑；多媒体应用型的笔记本电脑是结合强大的图形及多媒体处理能力又兼有一定的移动性的综合体，市面上常见的多媒体笔记本电脑拥有独立的较为先进的显卡，较大的屏幕等特征；特殊用途的笔记本电脑是服务于专业人士，可以在酷暑、严寒、低气压、战争等恶劣环境下使用的机型，多较笨重。

从使用人群看，学生使用笔记本电脑主要用于教育和娱乐；发烧级本本爱好者不仅追求高品质的享受，而且对设备接口的齐全要求很高。

平板电脑 >

平板电脑（英文：Tablet Personal Computer，简称Tablet PC、Flat Pc、Tablet、Slates），是一种小型、方便携带的个人电脑，以触摸屏作为基本的输入设备。它拥有的触摸屏（也称为数位板技术）允许用户通过触控笔或数字笔来进行作业而不是传统的键盘或鼠标。用

户可以通过内建的手写识别、屏幕上的软键盘、语音识别或者一个真正的键盘（如果该机型配备的话）。平板电脑由比尔·盖茨提出，应支持来自Intel、AMD和ARM的芯片架构，从微软提出的平板电脑概念产品上看，平板电脑就是一款无须翻盖、没有键盘、小到放入女士手袋，但功能完整的PC。

平板电脑的命名由苹果公司已故首

席执行官史蒂夫·乔布斯提出，并且申请了专利。微软在苹果提出之后，也做过设想，但由于当时的硬件技术水平还未成熟，而且所使用的Windows XP操作系统是为传统电脑设计，并不适合平板电脑的操作方式。直到2010年，iPad的出现，平板电脑才突然火爆起来。iPad由苹果公司首席执行官史蒂夫·乔布斯于2010年1月27日在美国旧金山欧巴布也那艺术中心发布，让各IT厂商将目光重新聚焦在了"平板电脑"上。iPad重新定义了平板电脑的概念和设计思想，取得了巨大的成功，从而使平板电脑真正成为了一种带动巨大市场需求的产品。这个平板电脑（Pad）的概念和微软那时（Tablet）的概念已不一样。2011年9月，随着微软的Windows 8系统发布，平板阵营再次扩充。2012年6月19日，微软在美国洛杉矶发布Surface平板电脑，Surface可以外接键盘。微软称，这款平板电脑接上键盘后可以变身"全桌面PC"Surface背面微软将提供多种色彩的外接键盘。

• 主要特点

平板电脑都是带有触摸识别的液晶屏，可以用电磁感应笔手写输入。平板式

电脑集移动商务、移动通信和移动娱乐为一体，具有手写识别和无线网络通信功能，被称为上网本的终结者。

平板电脑按结构设计大致可分为两种类型，即集成键盘的"可变式平板电脑"和可外接键盘的"纯平板电脑"。平板式电脑本身内建了一些新的应用软件，用户只要在屏幕上书写，即可将文字或手绘图形输入计算机。

平板电脑按其触摸屏的不同，一般可分为电阻式触摸屏跟电容式触摸屏。电阻式触摸一般为单点，而电容式触摸屏可分为2点触摸、5点触摸及多点触摸。随着平板电脑的普及，在功能追求上也越来越高，传统的电阻式触摸已经满足不了平板电脑的需求，特别是在玩游戏方面，要求越来越高，所以平板电脑必然需要用多点式触摸屏才能令其功能更加完善。

• 主要优势

1. 平板电脑在外观上，具有与众不同的特点。有的就像一个单独的液晶显示屏，只是比一般的显示屏要厚一些，在上面配置了硬盘等必要的硬件设备。

2. 特有的 Tablet PC Windows XP 操作系统，不仅具有普通 Windows XP 的功能，普通 XP 兼容的应用程序都可以在平板电脑上运行，增加了手写输入，扩展了 XP 的功能。

3. 扩展使用 PC 的方式，使用专用的

47

"笔"，在电脑上操作，使其像纸和笔的使用一样简单。同时也支持键盘和鼠标，像普通电脑一样的操作。

4. 便携移动，它像笔记本电脑一样体积小而轻，可以随时转移它的使用场所，比台式机具有移动灵活性。

5. 数字化笔记，平板电脑就像 PDA、掌上电脑一样，做普通的笔记本，随时记事，创建自己的文本、图表和图片。同时集成电子"墨迹"在核心 Office XP 应用中使用墨迹，在 Office 文档中留存自己的笔迹。

6. 个性化使用，使用 Tablet PC 和笔设置控制，可以定制个性的 Tablet PC 操作，校准你的笔，设置左手或者右手操作，设置 Tablet PD 的按钮来完成特定的工作，例如打开应用程序或者从横向屏幕转到纵向屏幕的方位。

7. 方便的部署和管理，Windows XP Tablet PC Edition 包括 Windows XP Professional 中的高级部署和策略特性，极大简化了企业环境下 Tablet PC 的部署和管理。

8. 全球化的业务解决方案，支持多国家语言。Windows XP Tablet PC Edition 已经拥有英文、德文、法文、日文、中文（简体和繁体）和韩文的本地化版本，不久还将有更多的本地化版本问世。

9. 对关键数据最高等级的保护，Windows XP Tablet PC Edition 提供了 Windows XP Professional 的所有安全特性，包括加密文件系统，访问控制等。Tablet PC 还提供了专门的 CTRL+ALT+DEL 按钮，方便用户的安全登录。

10. 平板电脑的最大特点是，数字墨水和手写识别输入功能，以及强大的笔输入识别、语音识别、手势识别能力，且具有移动性。

• 主要缺点

1. 因为屏幕旋转装置需要空间，平板电脑的"性能体积比"和"性能重量比"就不如同规格的传统笔记本电脑。

2. 译码——编程语言不益于手写识别。

3. 打字（学生写作业、编写 Email 等）——手写输入跟高达 30 至 60 个单词每分钟的打字速度相比太慢了。

4. 另外，一个没有键盘的平板电脑（纯平板型）不能代替传统笔记本电脑，并且会让用户觉得更难（初学者和专家）使用电脑科技。（纯平板型是人们经常用来做记录或教学工具的第二台电脑。）可是，一个可旋转型平板电脑——就是有键盘的那种——是一种非常理想及强大的传统电脑替代品，特别对于那些需要抄写笔记的学生而言。

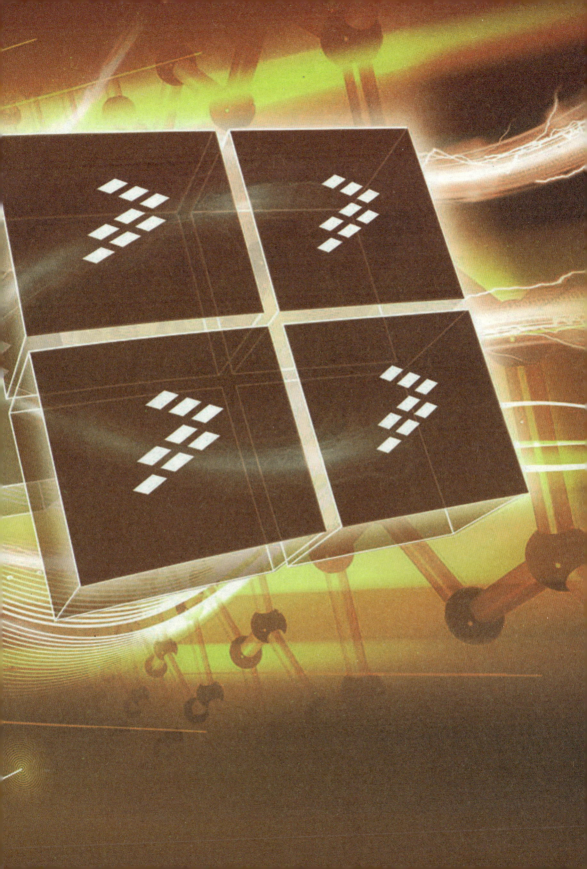

● Windows之家

Windows中文是窗户的意思。另外还有微软公司推出的视窗电脑操作系统名为Windows。随着电脑硬件和软件系统的不断升级，微软的Windows操作系统也在不断升级，从16位、32位到64位操作系统。

从最初的Windows1.0到大家熟知的Windows95、NT、97、98、2000、Me、XP、Server、Vista，Windows 7，Windows 8各种版本的持续更新，微软一直在致力于Windows操作的开发和完善。

Windows特色 ＞

Microsoft开发的Windows是目前世界上用户最多，且兼容性最强的操作系统。最早的Windows操作系统从1985年就推出了，当时推出的操作系统Windows1.0是基于DOS内核的操作系统。Windows1.0改进了微软以往的命令、代码系统Microsoft Disk Operating System（简称MS-DOS）。Microsoft Windows是彩色界面的操作系统，支持键鼠功能。默认的平台是由任务栏和桌面图标组成的，任务栏是显示正在运行的程序、"开始"菜单、时间、快速启动栏、输入法以及右下角托盘图标组成的。而桌面图标是进入程序的途径。默认系统图标有"我的电脑"、"我的文档"、"回收站"。另外，还会显示出系统自带的"IE浏览器"图标。

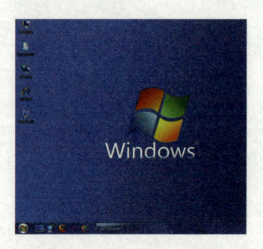

Windows 1.0概述 ＞

Microsoft Windows 1.0操作系统是微软公司在个人电脑上开发图形界面操

作系统的首次尝试，其中借用了不少最早的图形界面操作系统OS/2的GUI概念（IBM与Microsoft共同开发）。微软早期开发的Windows实际只是基于DOS系统之上的一个图形应用程序，并通过DOS来进行文件操作。直到Windows 2000的发布，Windows才彻底摆脱了DOS，成为真正独立的操作系统。Windows 1.0于1985年11月20日发布，最初售价100美元。当时被人青睐的GUI电脑平台是GEM及DESQview/X，Windows 1.0没有受到用户青睐，评价也不是很好。

Windows 2.0概述 ＞

Windows 2.0发行于1987年，最初售价100美元；是一个基于MS-DOS操作系

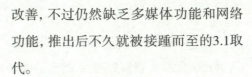

统，看起来像Mac OS的微软Windows图形用户界面的Windows版本。但这个版本依然没有获得用户认同。之后又推出了Windows 386和Windows 286版本，有所改进，并为之后的Windows 3.0的成功作好了技术铺垫。

Windows 2.0利用了英特尔286处理器提高的处理速度、扩大的内存以及动态数据交换（DDE）技术带来的应用程序间的通信能力。2.0对图形功能的支持增强，用户可以叠加窗口，控制屏幕布局，可以用组合键快速使用Windows的功能。许多Windows的开发人员针对2.0写出了他们毕生的第一个Windows应用程序。

Windows 3.0 >

1990年5月22日，Windows 3.0发布，由于在界面、人性化、内存管理多方面巨大改进，终于获得用户认同。之后微软趁热打铁，于1991年10月发布Windows 3.0多语言版本，为Windows在非英语母语国家推广起到重大作用。

Windows 3.0比Windows2.0有很多

改善，不过仍然缺乏多媒体功能和网络功能，推出后不久就被接踵而至的3.1取代。

Windows95概述 >

Windows 95是一个混合的16位/32位Windows系统，其版本号为4.0，由微软公司发行于1995年8月24日。Windows 95是Windows操作系统中第一个支持32位的操作系统。

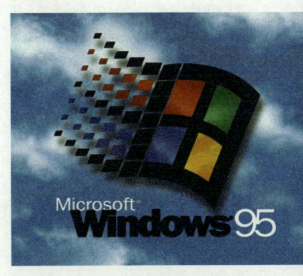

Windows 95是微软之前独立的操作系统MS-DOS和视窗产品的直接后续版本。第一次抛弃了对前一代16位X86的支持，因此它要求英特尔公司的80386处理器或者在保护模式下运行于一个兼容的速度更快的处理器。它以对GUI的重要改

53

进和底层工作（underlying workings）为特征，整合了新版本MS-DOS 7.0。这样，微软就可以保持由视窗3.x建立起来的GUI市场统治地位，同时使得没有非微软的产品可以提供对系统的底层操作服务。也就是说，视窗95具有双重角色。它带来了更强大、更稳定、更实用的桌面图形用户界面，同时也结束了桌面操作系统间的竞争（技术上说，Windows图形用户界面可以在MS-DOS上运行，也可能可以在PC-DOS上运行——这个情况直到几年后在法庭上被揭示，这时其他一些主要的DOS市场商家已经退出市场）。在市场上，Windows 95是成功的，在它发行的一两年内，它成为有史以来最成功的操作系统。

Windows 98概述 >

Windows 98，是美国微软公司发行于1998年6月25日的混合16位/32位Windows操作系统，其版本号为4.1，开发代号为Memphis。

这个新系统是基于Windows 95编写的，它改良了硬件标准的支持，例如MMX和AGP。其他特性包括对FAT32文件系统的支持、多显示器、Web TV支

持和整合到Windows图形用户界面的Internet Explorer，称为活动桌面（Active Desktop）。

从Windows 98开始，内存管理上有革新进步，即将16位与32位源代码放在不同内存空间执行（16位源代码与32位源代码，在同一内存空间混合存放易导致一个程序发生错误就会连带造成整个系统死机），一旦某一应用程序错误，可以单独关闭该程序，但不影响整个系统持续正常运作。

从Windows 98开始的多进程操作系统，也与Windows 95抢占式多任务有着完全不同的改善。它可以由使用者决定是平均分配系统资源进行多任务，或是将某一个较不急于达成或完成时间较长的程

序设为背景（后台）执行，大幅增加多任务作业实用性。

种混合式核心（hybrid kernel）的操作系统。

Windows 2000概述 〉

Windows 2000（微软视窗操作系统2000，简称Win2K），是微软公司Windows NT系列32位视窗操作系统。起初称为Windows NT 5.0。英文版于1999年12月19日上市，中文版于次年2月上市。Windows 2000是一个preemptive、可中断、图形化及面向商业环境的操作系统，为单一处理器或对称多处理器的32位Intel x86电脑而设计。它的用户版本在2001年10月被Windows XP取代；而服务器版本则在2003年4月被Windows Server 2003取代。一般来说，Windows 2000被划分为一

Windows Me概述与意义 〉

Windows ME（Windows Millennium Edition）是最后一个16位/32位混合Windows系统，由微软发行于2000年9

月14日，相对其他Windows系统，短暂的WinME只延续了1年，即被WinXP取代。Windows Me是最后一个基于实时DOS的Windows 9X系统，其版本号为4.9。其名有两个意思，一是纪念2000年，Me是英文千禧年（Millennium）的意思，另外也指自己。

Windows Me在Windows 9X基础上开发的，主要针对家庭、个人用户，WinME重点改进对多媒体和硬件设备支持，但同时也加入了不少在Windows 2000上拥

有的新概念。主要增加功能包括，系统恢复、UPnP即插即用、自动更新等。

由于Windows Me稳定性和可靠性较差，相当多的旧Dos程序无法在Windows Me上运行，PC World戏称Windows Me为 Mistake Edition。作为从Windows 98到Windows 2000的中间过渡产品，微软希望吸引Windows98的忠实用户能放弃使用旧操作系统。

Windows XP 〉

Windows XP是微软公司的一款视窗操作系统。Windows XP于2001年8月24日正式发布（RTM, Release to Manufacturing）。零售版于2001年10月25日上市。Windows XP原代号Whistler。字母XP表示英文单词"体验"（experience）。Windows XP外部版本是2002，内部版本是5.1（即Windows NT 5.1），正式版Build是5.1.2600。微软最

初发行了两个版本：专业版（Windows XP Professional）和家庭版（Windows XP Home Edition）。家庭版只支持1个处理器，专业版则支持2个。后来又发行了媒体中心版（Media Center Edition）、平板电脑版（Tablet PC Editon）和入门版（Starter Edition）等。

Windows XP Professional专业版除包含家庭版一切功能，还添加了新的为面向商业用户设计的网络认证、双处理器支持等特性，32位版最高支持约3.2GB的内存。主要用于工作站、高端个人电脑以及笔记本电脑。

Windows XP是基于Windows 2000代码的产品，同时拥有一个新用户图形界面（叫作月神Luna），并且Windows XP视窗标志也改为较清晰亮丽的四色视窗标志。Windows XP带有用户图形登陆界面；全新XP亮丽桌面，用户若怀旧以前桌面可换成传统桌面。此外，Windows XP还引入了一个"选择任务"的用户界面，使工具条可以访问任务具体细节。然而，批评家认为这个基于任务的设计指示增加了视觉上的混乱，因为它除了提供比其他操作系统更简单的工具栏以外并没有添加新特性。而额外进程耗费又是可见的。

它包括简化的Windows 2000用户安全特性，并整合了防火墙，以用来确保长期以来一直困扰微软的安全问题。由于微软把很多以前由第三方提供的软件整合到操作系统中，XP受到猛烈批评。这些软件包括防火墙、媒体播放器（Windows Media Player），即时通讯软件（Windows Messenger），以及它与Microsoft Passport网络服务的紧密结合，这都被很多计算机专家认为是安全风险以及对个人隐私的潜在威胁。这些特性的增加被认为是微软继续其传统垄断行为的持续。

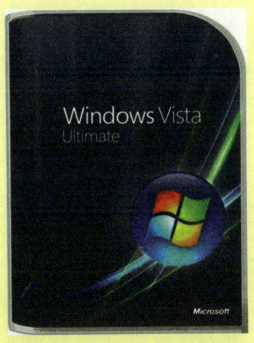

Windows Vista概述 >

Windows Vista是微软公司的一款具有革命性变化的操作系统。微软最初在2005年7月22日正式公布了这一名字，之前操作系统开发代号Longhorn。Windows Vista的内部版本是6.0（即Windows NT 6.0），正式版的Build是6.0.6000。在2006年11月8日，Windows Vista开发完成并正式进入批量生产。此后的两个月仅向MSDN用户、电脑软硬件制造商和企业客户提供。在2007年1月30日，Windows Vista正式对普通用户出售，同时也可以从微软的网站下载。Windows Vista距离上一版本Windows XP已有超过5年的时间，这是Windows版本历史上间隔时间最久的一次发布。根据微软表示，Windows Vista包含了上百种新功能；其中较特别的是新版的图形用户界面和称为"Windows Aero"的全新界面风格、加强后的搜寻功能（Windows Indexing Service）、新的多媒体创作工具（例如Windows DVD Maker），以及重新设计的网络、音频、输出（打印）和显示子系统。Vista也使用点对点技术（peer-to-peer）提升了计算机系统在家庭网络中的通信能力，将在不同计算机或装置之间分享文件与多媒体内容变得更简单。针对开发者方面，Vista使

57

用NET Framework 3.0版本，比起传统的Windows API更能让开发者简单写出高品质的程序。

微软也在Vista的安全性方面进行改良。Windows XP最受到批评的一点是系统经常出现安全漏洞，并且容易受到恶意软件、计算机病毒或缓存溢出等问题的影响。为了改善这些情形，微软总裁比尔·盖茨在2002上半年宣布在全公司实行"可信计算的政策"（Trustworthy Computing Initiative），这个活动目的是让全公司各方面的软件开发部门一起合作，共同解决安全性的问题。微软宣称由于希望优先增进Windows XP和Windows Server 2003的安全性，因此延误了Vista的开发。

在开发期间，有许多团体发表了关于Vista的各种负面预测。包括延迟的开发时间、限制更严格的授权方式、限制拷贝受保护的数位媒体而加入的数项新数字版权管理技术，以及新功能的实用性（例如用户账户控制）。虽然Windows Vista在营销策略上失败了，但仍然不会撼动其最佳Windows的宝座。

Windows 7概述 >

微软为了让更多的用户购买Windows 7，让Windows 7降低系统配置，使得在

2005年以后的配置即能够较流畅的运行 Windows 7。

Windows 7 的设计主要围绕5个重点——针对笔记本电脑的特有设计；基于应用服务的设计；用户的个性化；视听娱乐的优化；用户易用性的新引擎。

• 更易用

Windows 7 做了许多方便用户的设计，如快速最大化、窗口半屏显示、跳转列表（Jump List），系统故障快速修复等，这些新功能令 Windows 7 成为最易用的 Windows。

• 更快速

Windows 7 大幅缩减了 Windows 的启动时间，据实测，在 2008 年的中低端配置下运行，系统加载时间一般不超过 20 秒，这比 Windows Vista 的 40 余秒相比，是一个很大的进步。

• 更简单

Windows 7 将会让搜索和使用信息更加简单，包括本地、网络和互联网搜索功能，直观的用户体验将更加高级，还会整合自动化应用程序提交和交叉程序数据透明性。

• 更安全

Windows 7 改进了安全和功能的合法性，还会把数据保护和管理扩展到外围设备。Windows 7 改进了基于角色的计算方案和用户账户管理，在数据保护和坚固协作的固有冲突之间搭建沟通桥梁，同时也会开启企业级的数据保护和权限许可。

• 更廉价

Windows 7 在中国拥有"微软校园先锋计划"，以全球最便宜的价格卖给中国人，使盗版率大大降低。

• 节约成本

Windows7 可以帮助企业优化它们的桌面基础设施，具有无缝操作系统、应用程序和数据移植功能，并简化 PC 供应和升级，进一步朝完整的应用程序更新和补丁方面努力。

目前 Windows 7 已经超越 Windows XP，成为世界上占有率最高的操作系统。

Windows 8 >

2012年10月25日微软宣布将Windows8 Metro 界面正式改名为Windows UI，北京时间2011年6月2日早间消息，微软6月1日首次向外界展示了Windows 8系统。通过Windows 8，微软对已经面市25年的

59

Windows系统进行了重大调整。

　　Windows 8的基本目标是在平板和桌面电脑上创造同样好的用户体验。微软业务总裁史蒂芬·辛诺夫斯基(Steven Sinofsky)表示："我们不会有折中方案,这对我们很重要。"Windows 8用户界面的核心是新的开始页面。这一基于卡片(Tile)的界面类似于Windows Phone 7。用户所有的程序都以卡片的形式被展示出来,并可以通过触摸点击而启动。Windows 8支持两类应用。一类是传统的Windows应用,这类应用在桌面上运行,与Windows 7系统中类似。另一类应用以HTML5和Javascript开发,更类似于移动应用,在运行时全屏。作为Windows 8的一部分,IE10已经被配置成这种模式,其他一些用于查看股票行情和大气的应用也被配置成这种模式。

　　微软将效仿苹果,在Windows系统中推出应用商店服务。辛诺夫斯基指出,iPad中的一些元素是此前Windows不具备的,包括触控优先的界面、应用发布机制,以及面向第三方开发者的业务模式。Windows 8在设计中将解决这三方面的问题,同时保持对以往Windows系统软件的支持。

　　在传统的Windows桌面方面,微软也进行了一些改进,使其更适合触摸屏界面。例如,由于手指点击的精确性不及鼠标,微软采用了新的"模糊点击瞄准"技术。Windows 8首席设计师朱莉·拉尔森-格林(Julie Larson-Green)表示,微软的目标是使传统软件能够较好地适应触摸屏界面。而新设计的应用首先针对触摸屏,但也需要适应键盘鼠标的操作。Windows 8还抛弃了旧版本 Windows 系统一直沿用的工具栏和"开始"菜单。

　　在技术方面,辛诺夫斯基强调,过去10年中随着系统要求的不断上升,微软推出Vista这样的系统。不过,从Windows 7开始,微软针对较少的计算资源来设计操作系统。

对于大多数的计算机用户来讲，Windows就等同于操作系统的代名词、就像百度是互联网搜索的代名词，而阿迪达斯是运动的代名词一样。在IT的历史上，Windows是最为知名的品牌之一，已经存世20多年。Windows Phone部门的主管Andy Less表示，微软将会建立一个独立的超级操作系统，它将适用于计算机、智能手机、平板电脑和电视机等设备。

电脑界的"里程碑"

　　1903年12月28日，在布达佩斯诞生了一位神童，这不仅给这个家庭带来了巨大的喜悦，也值得整个计算机界去纪念。正是他，开创了现代计算机理论，其体系结构沿用至今，而且他早在20世纪40年代就已预见到计算机建模和仿真技术对当代计算机将产生的意义深远的影响。他，就是约翰·冯·诺依曼。

　　冯·诺依曼从小聪颖过人，兴趣广泛，读书过目不忘。据说他6岁时就能用古希腊语同父亲闲谈，一生掌握了7种语言。最擅长德语，可在他用德语思考种种设想时，又能以阅读的速度译成英语。他对读过的书籍和论文，能很快一句不差地将内容复述出来，而且若干年之后，仍可如此。1911年—1921年，冯·诺依曼在布达佩斯的卢瑟伦中学读书期间就崭露头角，深受老师的器重。在费克特老师的个别指导下，合作发表了第一篇数学论文，此时冯·诺依曼还不到18岁。1921年—1923年，他在苏黎世联邦工业大学

学习，很快又在1926年以优异的成绩获得了布达佩斯大学数学博士学位。此时冯·诺依曼年仅23岁。1927年—1929年冯·诺依曼相继在柏林大学和汉堡大学担任数学讲师。1930年接受了普林斯顿大学客座教授的职位，西渡美国。1931年他成为美国普林斯顿大学的第一批终身教授，那时，他还不到30岁。1933年转到该校的高级研究所，成为最初6位教授之一，并在那里工作了一生。　冯·诺依曼是普林斯顿大学、宾夕法尼亚大学、哈佛大学、伊斯坦堡大学、马里兰大学、哥伦比亚大学和慕尼黑高等技术学院等校的荣誉博士。他是美国国家科学院、秘鲁国立自然科学院和意大利国立林且学院等院的院士。　1954年他任美国原子能委员会委员；1951年至1953年任美国数学会主席。1954年夏，冯·诺依曼被发现患有癌症，1957年2月8日，在华盛顿去世，终年54岁。

• 杰出贡献

　　冯·诺依曼是20世纪最重要的数学家之一，在纯粹数学和应用数学方面都有杰出的贡献。他的工作大致可以分为两个时期：1940年以前，主要是纯粹数学的研究：在数理逻辑方面提出简单而明确的序数理论，并对集合论进行新的公理化，其中明确区别集合与类；其后，他研究希尔伯特空间上线性自伴算子谱理论，从而为量子力学打下数学基础；1930年起，他证明平均遍历定理开拓了遍历理论的新领域；1933年，他运用紧致群解决了希尔伯特第五问题；此外，他还在测度论、格论和连续几何学方面也有开创性的贡献；从1936—1943年，他和默里合作，创造了算子环理论，即现在所谓的冯·诺依曼代数。

　　1944年夏的一天，正在火车站候车的诺依曼巧遇戈尔斯坦，并同他进行了短暂的交谈。当时，戈尔斯坦是美国弹道实验室的军方负责人，他正参与ENIAC计算机的研制工作。在交谈中，戈尔斯坦告诉了诺依曼有关ENIAC的研制情况。具有远见卓识的诺依曼为这一研制计划所吸引，他意识到了这项工作的深远意义。

　　冯·诺依曼由ENIAC机研制组的戈尔德斯廷中尉介绍参加ENIAC机研制小组后，便带领这批富有创新精神的年轻科技人员，向着更高的目标进军。1945年，他们在共同讨论的基础上，发表了一个全新的"存储程序通用电子计算机方案"——EDVAC。在这过程中，冯·诺依曼显示出他雄厚的数理基础知识，充分发挥了他的顾问作用及探索问题和综合分析的能力。诺伊曼以"关于EDVAC的报告草案"为题，起草了长达101页的总结报告。报告广泛而具体地介绍了制造电子计算机和程序设计的新思想。这份报告是计算机发展史上一个划时代的文献，它向世界宣告：电子计算机的时代开始了。

　　EDVAC方案明确奠定了新机器由5个部分组成，包括：运算器、逻辑控制装置、存储器、输入和输出设备，并描述了这5部分的职能和相互关系。报告中，诺依曼对EDVAC中的两大设计思想作了进一步的论证，为计算机的设计树立了一座里程碑。

　　设计思想之一是二进制，他根据电子元件双稳工作的特点，建议在电子计算机中采用二进制。报告提到了二进制的优点，并预言，二进制的采用将大大简化机器的逻辑线路。

• 轶闻趣事

一次，在一个数学学家聚会上，有一个年轻人兴冲冲地找到他，向他求教一个问题，他看了看就报出了正确答案。年轻人高兴地请求他告诉自己简便方法，并抱怨其他数学家用无穷级数求解的烦琐。冯·诺依曼却说道："你误会了，我正是用无穷级数求出的。"由此可见他拥有过人的心算能力。

据说有一天，冯·诺依曼心神不定地被同事拉上了牌桌。一边打牌，一边还在想他的课题，狼狈不堪地'输掉'了10元钱。这位同事也是数学家，突然心生一计，想要捉弄一下他的朋友，于是用赢得的5元钱，购买了一本冯·诺依曼撰写的《博弈论和经济行为》，并把剩下的5元贴在书的封面，以表明他"战胜"了"赌博经济理论家"，着实使冯·诺依曼"好没面子"。

另一则笑话发生在 ENIAC 计算机研制时期。有几个数学家聚在一起切磋数学难题，百思不得某题之解。有个人决定带着台式计算器回家继续演算。次日清晨，他眼圈黑黑，面带倦容走进办公室，颇为得意地对大家炫耀说："我从昨天晚上一直算到今晨4点半，总算找到那难题的5种特殊解答。它们一个比一个更难咧！"

说话间，冯·诺依曼推门进来，"什么题更难？"虽只听到后面半句话，但"更难"二字使他马上来了劲。有人把题目讲给他听，教授顿时把自己该办的事抛到爪哇国，兴致勃勃地提议道："让我们一起算这5种特殊的解答吧。"

大家都想见识一下教授的"神算"本领。只见冯·诺依曼眼望天花板，不言不语，迅速进到"入定"状态。过了5分来钟，就说出了前4种解答，又在沉思着第5种。青年数学家再也忍不住了，情不自禁脱口讲出答案。冯·诺依曼吃了一惊，但没有接话茬。又过了1分钟，他才说道："你算得对！"

那位数学家怀着崇敬的心情离去，他不无揶揄地想："还造什么计算机哟，教授的头脑不就是一台'超高速计算机'吗？"然而，冯·诺依曼却呆在原地，陷入苦苦的思索，许久都不能自拔。有人轻声向他询问缘由，教授不安地回答说："我在想，他究竟用的是什么方法，这么快就算出了答案。"听到此言，大家不禁哈哈大笑："他用台式计算器算了整整一个夜晚！"冯·诺依曼一愣，也跟着开怀大笑起来。

世界首富——比尔·盖茨 〉

比尔·盖茨，全名威廉·亨利·盖茨，美国微软公司的董事长。他与保罗·艾伦一起创建了微软公司，曾任微软CEO和首

席软件设计师，并持有公司超过8%的普通股，也是公司最大的个人股东。1995年到2007年的《福布斯》全球亿万富翁排行榜中，比尔·盖茨连续13年蝉联世界首富。2008年6月27日正式退出微软公司，并把580亿美元个人财产尽数捐到比尔与美琳达·盖茨基金会。2012年3月，福布斯全球富豪榜发布，比尔·盖茨以610亿美元位列第二。

· 生平简介

·1955 年 10 月 28 日，比尔·盖茨出生于美国西海岸华盛顿州的西雅图的一个家庭，父亲威廉·亨利·盖茨是当地的著名律师，他过世的母亲玛丽·盖茨是银行系统董事，他的外祖父 J. W. 麦克斯韦尔曾任国家银行行长。比尔和两个姐姐一块长大，曾就读于西雅图的公立小学和私立的湖滨中学，在湖滨中学盖茨认识了比他高两个年级的保罗·艾伦，比尔·盖茨是一名出色的学生，在他 13 岁时就开始了电脑程式设计，而且以极端个人主义闻名；根据他的一名高中同学的回忆，比尔·盖茨曾断言自己会在 25 岁时成为亿万富翁。

·17 岁的时候，盖茨卖掉了他的第一个电脑编程作品——一个时间表格系统，买主是他的高中学校，价格是 4200 美元。

·盖茨在 SAT（美国大学入学考试）标准化测试中得分 1590，其满分 1600。

·在哈佛上学的时候，盖茨参与编写了 Altair BASIC，这成为 Microsoft 的第一款产品。

·盖茨并没有读完他在哈佛的学业，而是中途离开了学校。在一个偶然的机会

66

里他知道了当时的 IBM 公司正在寻找一款新的操作系统来更新当时的操作系统。同时盖茨知道他的一个朋友刚刚编写完一个新的操作系统就花了几十美元从他的朋友手里买下了操作系统并卖给了 IBM 公司。但是条件之一就是 IBM 并不能独享这个系统，这个系统就是著名的 DOS 操作系统，也是盖茨事业巅峰的开始。在成立微软"Microsoft"后起名为 MSDOS 操作系统。

·1987 年微软在曼哈顿举行的一次发布仪式上，盖茨邂逅了未来的妻子美琳达·法兰奇（Melinda French），当时美琳达是微软的员工。他们在 1994 年元旦结婚。

·每当盖茨思考或者全神贯注的时候，他会在椅子上前后摇摆晃个不停，这一怪癖要追溯到他小时候喜欢在木马上摇摆上好几个小时——后来微软的员工已经很习惯看到他在参加会议时一边思考，一边倾听，一边摇摆着他的脑袋……

·2005 年，盖茨被英国伊丽莎白二世女王授予英帝国爵级司令勋章（KBE）。

·2006 年 6 月 15 日，在美国华盛顿州雷德蒙德的微软公司总部，比尔·盖茨出席新闻发布会。当天，比尔·盖茨宣布，他将在今后两年内淡出微软公司日常事务，把主要精力集中在卫生及教育慈善事业

上。

·2007年3月份的《福布斯》杂志再次将比尔·盖茨评为全球最富有的人，这是他连续13年获得这一称号。

·比尔·盖茨每秒赚193美元，每天赚16666667美元，每年赚60.3334亿美元。

● 所获荣誉

·《首席执行官杂志》1994年年度CEO。

·《时代》周刊1998年50名网络精英第一名。

·被英国《星期日泰晤士报》评为1999年最有权力的人物之一。

·1999年《Upside》100精英第二名。

·被英国《卫报》评为2001年新闻界最有影响力的100人。

·2004年获英国女王册封为爵士。

·2005年与其妻美琳达以及摇滚乐队U2主唱波诺(Bono)共同获选为时代年度风云人物，以表彰他们对慈善事业的贡献。

·2006年11月15日，获得2006年度詹姆斯·摩根国际慈善家大奖。

·2006年《金融时报》第二届富豪榜第一名。

·2007年4月19日，被授予清华大学名誉博士学位，成为清华大学第13位名誉博士。2007年4月20日，被授予北京大学名誉校董和光华管理学院的名誉委员。

·昆虫学家们还将一种花虫以他的名字命名为盖茨氏蚜蝇。

·西雅图有一条以他命名的街道。

·《福布斯》发布2012全球最有权势15对眷侣，微软创始人、科技大亨比尔·盖茨和妻子美琳达·盖茨上榜，排名第二，在希拉里与比尔·克林顿夫妇之后。

·在《福布斯》排行榜上，盖茨1995—2007年蝉联世界首富! 2008年排名世界第三，2009年又一次成为世界首富! 2010年以微弱劣势降至世界第二。2011年9月，比尔·盖茨以590亿美元身家登上2011年《福布斯》"400位最富有美国人排行榜"榜首，这已经是他连续第18年名列榜首富!

他是一个天才，13岁开始编程，并预言自己将在25岁成为百万富翁；他是一个商业奇才，独特的眼光使他总是能准确看到IT业的未来，独特的管理手段，使得不断壮大的微软能够保持活力；他的财富更是一个神话，39岁便成为世界首富，并连续13年登上福布斯榜首的位置，这个神话就像夜空中耀眼的烟花，刺痛了亿万人的眼睛。他是微软公司主席和首席软件设计师。微软公司是为个人计算机和商业计算机提供软件、服务和Internet技术的世界范围内的领导者。在截至2008年，微软公司收入近620亿美元，在78个国家与地区的雇员总数超过了91000人。

盖茨给青年的11条忠告

1. 生活是不公平的，你要去适应它。

2. 这个世界并不会在意你的自尊，而是要求你在自我感觉良好之前先有所成就。

3. 刚从学校走出来时你不可能一个月挣4万美元，更不会成为哪家公司的副总裁，还拥有一部汽车，直到你将这些都挣到手的那一天。

4. 如果你认为学校里的老师过于严厉，那么等你有了老板再回头想一想。

5. 卖汉堡包并不会有损于你的尊严。你的祖父母对卖汉堡包有着不同的理解，他们称之为"机遇"。

6. 如果你陷入困境，那不是你父母的过错，不要将你理应承担的责任转嫁给他人，而要学着从中吸取教训。

7. 在你出生之前，你的父母并不像现在这样乏味。他们变成今天这个样子是因为这些年来一直在为你付账单、给你洗衣服。所以，在对父母喋喋不休之前，还是先去打扫一下你自己的屋子吧。

8. 你所在的学校也许已经不再分优等生和劣等生，但生活并不如此。在某些学校已经没有了"不及格"的概念，学校会不断地给你机会让你进步，然而现实生活完全不是这样。

9. 走出学校后的生活不像在学校一样有学期之分，也没有暑假之说。没有几位老板乐于帮你发现自我，你必须依靠自己去完成。

10. 电视中的许多场景绝不是真实的生活。在现实生活中，人们必须埋头做自己的工作，而非像电视里演的那样天天泡在咖啡馆里。

11. 善待你所厌恶的人，因为说不定哪一天你就会同这样的一个人工作。

苹果教父——史蒂夫·乔布斯 〉

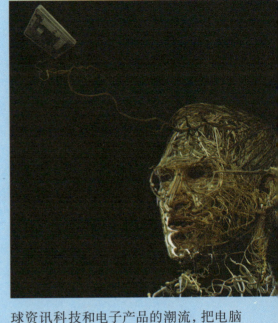

DIAN NAO JIU JING SHI SHUI DE NAO

史蒂夫·乔布斯（1955—2011），发明家、企业家、美国苹果公司联合创办人、前行政总裁。1976年乔布斯和朋友成立苹果电脑公司，他陪伴了苹果公司数十年的起落与复兴，先后领导和推出了麦金塔计算机、iMac、iPod、iPhone等风靡全球亿万人的电子产品，深刻地改变了现代通讯、娱乐乃至生活的方式。2011年10月5日他因病逝世，享年56岁。乔布斯是改变世界的天才，他凭敏锐的触觉和过人的智慧，勇于变革，不断创新，引领全球资讯科技和电子产品的潮流，把电脑和电子产品变得简约化、平民化，让曾经是昂贵稀罕的电子产品变为现代人生活的一部分。

• 编年简历

1955 年 2 月 24 日，乔布斯生于美国旧金山。

1972 年毕业于加利福尼亚州洛斯阿图斯的 Homestead 高中，后入读俄勒冈州波特兰的里德学院，6 个月后退学。

1976 年，乔布斯与斯蒂夫·沃兹尼亚克成立苹果公司。

1985 年，乔布斯获得了由里根总统授予的国家级技术勋章。

1997 年，成为《时代周刊》的封面人

物；同年被评为最成功的管理者，是声名显赫的"计算机狂人"。

2007年，史蒂夫·乔布斯被《财富》杂志评为了年度最有影响力的商人。

2009年，被财富杂志评选为这10年美国最佳行政总裁，同年当选《时代周刊》年度风云人物之一。

乔布斯的生涯极大地影响了硅谷风险创业的传奇，他将美学至上的设计理念在全世界推广开来。他对简约及便利设计的推崇为他赢得了许多忠实追随者。乔布斯与沃兹尼亚克共同使个人计算机在20世纪70年代末至80年代初流行开来，他也是第一个看到鼠标的商业潜力的人。

1985年，乔布斯在苹果高层权力斗争中离开苹果并成立了NeXT公司，瞄准专业市场。

1997年，苹果收购NeXT，乔布斯回到苹果接任行政总裁（CEO）。

2011年8月24日，乔布斯辞去苹果公司行政总裁职位。

2011年10月5日逝世，终年56岁。

• 个人成就

乔布斯被认为是计算机业界与娱乐业界的标志性人物，同时人们也把他视作麦金塔计算机、iPod、iTunes、iPad、iPhone等知名数字产品的缔造者，这些风靡全球亿万人的电子产品，深刻地改变了现代通讯、娱乐乃至生活的方式。

乔布斯是改变世界的天才，他凭敏锐的触觉和过人的智慧，勇于变革，不断创新，引领全球资讯科技和电子产品的潮流，把电脑和电子产品不断变得简约化、平民化，让曾经是昂贵稀罕的电子产品变为现代人生活的一部分。

2012年7月26日，《时代》杂志评出了一直以来美国最具影响力的20人，苹果已故CEO史蒂夫·乔布斯当选。

• 受命于危难之际

1983年，Lisa数据库和Apple IIe发布，售价分别为9998美元和1395美元。Apple成为历史上发展最快的公司。但是Lisa的发布预示了苹果的没落，一台不合实际、连美国人都嫌贵的电脑是没有多少市场的，而Lisa又侵吞了Apple大量研发经费。可以说，苹果兴起之时就是其没落开始之时。

由于乔布斯经营理念与当时大多数管

理人员不同，加上蓝色巨人 IBM 公司也开始醒悟过来，也推出了个人电脑，抢占大片市场，使得乔布斯新开发出的电脑节节惨败，总经理和董事们便把这一失败归罪于董事长乔布斯，于 1985 年 4 月经由董事会决议撤销了他的经营大权。乔布斯几次想夺回权力均未成功，便在 1985 年 9 月 17 日愤而辞去苹果公司董事长。

1996 年 12 月 17 日，全球各大计算机报刊几乎都在头版刊出了"苹果收购 NeXT，乔布斯重回苹果"的消息。此时的乔布斯，正因其公司（现皮克斯）成功制作第一部电脑动画片《玩具总动员》而名声大振，个人身价已暴涨逾 10 亿美元；而相形之下，苹果公司已濒临绝境。乔布斯于苹果危难之中重新归来，苹果公司上下皆十分欢欣鼓舞。就连前行政总裁阿梅利奥也在迎接乔布斯的欢迎词中说："我们以最隆重的仪式欢迎我们最伟大的天才归来，我们相信，他会让世人相信苹果电脑是信息业中永远的创新者。"乔布斯重归故里，心中牵系"大事业"。他向苹果电脑的追随者们说："我始终对苹果一往情深，能再次为苹果的未来设计蓝图，我感到莫大荣幸。"这个曾经的英雄终于在众望所归下重新归来了！

改革时期，乔布斯果敢地发挥了行政总裁的权威，大刀阔斧地进行改革。他首先改组了董事会，然后又做出一件令人们瞠目结舌的大事——抛弃旧怨，与苹果公司的宿敌微软公司握手言和，缔结了举世瞩目的"世纪之盟"，达成战略性的全面交叉授权协议。

接着，他开始推出了新的电脑。

1998 年，iMac 背负着苹果公司的希望，凝结着员工的汗水，寄托着乔布斯振兴苹果的梦想，呈现在世人面前。它是一个全新的电脑，代表着一种未来的理念。半透明的外装，一扫电脑灰褐色的千篇一律的单调，似太空时代的产物，加上发光的鼠标，以及 1299 美元的价格标签，令人赏心悦目……不愧是苹果设计，标新立异，非同凡响。

为了宣传，乔布斯把笛卡尔的名言"我思故我在"变成了 iMac 的广告文案 I think, therefore iMac！由此成了广告业的经典案例。

新产品重新点燃了苹果机拥戴者们的希望。3 年来他们一直在等待的东西出现了，iMac 成了当年最热门的话题。

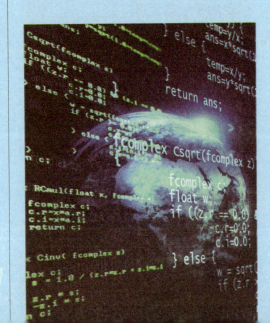

　　1998 年 12 月，iMac 荣获《时代》杂志 "1998 最佳电脑" 称号，并名列 "1998 年度全球十大工业设计" 第三名。

　　1999 年乔布斯又推出了第二代 iMac，有着红、黄、蓝、绿、紫 5 种水果颜色的款式供选择，一面市就受到用户的热烈欢迎。

　　1999 年 7 月推出的外形蓝黄相间，像漂亮玩具一样的笔记本电脑 iBook 在市场上迅即受到用户追捧。iBook 融合了 iMac 独特的时尚风格、最新无线网络功能（WLAN）与苹果电脑在便携电脑领域的全部优势，是专为家庭和学校用户设计的 "可移动 iMac"。

　　1999 年 10 月 iBook 夺得 "美国消费类便携电脑" 市场第一名，还在《时代》杂志举行的 "1999 年度世界之最" 评选中，荣获 "年度最佳设计奖"。 在乔布斯的改革之下，"苹果" 终于实现盈利。乔布斯刚上任时，苹果公司的亏损高达 10 亿美元，一年后却奇迹般地盈利 3.09 亿美元。

　　1999 年 1 月，当乔布斯宣布第四财政季度盈利 1.52 亿美元，超出华尔街的预测 38% 时，苹果公司的股价立即攀升，最后以每股 4.65 美元收盘，舆论哗然。苹果电脑在 PC 市场的占有率已由原来的 5% 增加到 10%。

　　1997 年，乔布斯被评为 "最成功的管理者"。越来越多的业界同仁认同了此观点。甚至连当初将乔布斯挤出苹果公司的

斯卡利也情不自禁地赞叹："苹果的逆转不是骗局，乔布斯干得绝对出色。苹果又开始回到原来的轨道。"

2001 年，平面式的 iMac 推出，取代已问世三年的 iMac；

2003 年，推出第一台的 64 位个人电脑 Apple PowerMac G5；

2004 年，斯蒂夫·乔布斯被诊断出胰腺癌，苹果股价重挫；

2006 年，斯蒂夫·乔布斯推出了第一部使用英特尔处理器的台式电脑和笔记本电脑，也就是 iMac 和 MacBook Pro；

2007 年，斯蒂夫·乔布斯在 Mac World 上发布了 iPhone 与 iPod touch；

2008 年，斯蒂夫·乔布斯在 Mac World 上从黄色信封中取出了 MacBook Air，这是当时最薄的笔记本电脑；

2010 年 1 月 27 日，苹果公司平板电脑 iPad 正式发布；

2010 年 5 月 26 日，在与比尔·盖茨（Bill Gates）竞跑了 30 多年之后，史蒂夫·乔布斯这位苹果公司创始人终于将苹果送上了纳斯达克的顶峰位置。苹果公司的市值在当日纽约股市收市时达到 2220 亿美元，仅次于埃克森美孚，成为美国第二大市值的上市公司，微软当日市值为 2190 亿美元；

2011 年 1 月 17 日晚间，乔布斯宣布，将再次向公司请假以"专注于个人健康问题"。苹果公司股票价格在海外市场下跌了 6%—8%；

2011 年 3 月 3 日，乔布斯于北京时间 3 日凌晨 2 点在美国旧金山出人意料的亲自到场召开发布会，发布 iPad2。

2011 年 8 月初，苹果公司市值（约 3371 亿美元）超过埃克森美孚（约 3333 亿美元），成为全球第一大市值的上市公司，也是全球第一大资讯科技公司。

2011 年 8 月 25 日早晨，苹果董事会

宣布，行政总裁史蒂夫·乔布斯（Steve Jobs）辞职，董事会任命前营运总裁蒂姆·库克（Tim Cook）接任苹果行政总裁。乔布斯被选为董事会主席，库克加入董事会，立即生效。

• 逝世时的各界致辞

比尔·盖茨：惊闻乔布斯辞世的消息我深感悲痛。美琳达和我向史蒂夫的家人和朋友，以及向所有被史蒂夫的作品打动过的人们，致以诚挚的慰问和哀悼。史蒂夫和我相识已经近30年，在此后的大半生中，我们一直是伙伴、同事，竞争对手和朋友。很少有人对世界产生像乔布斯那样的影响，这种影响将是长期的。对于我们这些有幸与乔布斯共事的人来说，这是一种无上的荣幸，我将深刻怀念乔布斯。

Facebook 创始人兼首席执行官马克·扎克伯格：史蒂夫，感谢您作为一个导师和朋友所做的一切，谢谢你展现出你的工作和努力如何改变世界。我会想念你。

微软联合创始人保罗·艾伦：向史蒂夫的朋友和家人致以深切慰问，我们失去了一个无与伦比的科技潮流先驱和导演者，他懂得如何创造出令人惊叹的伟大产品。

纽约市市长布隆伯格：今晚，美国失去了一个天才，乔布斯的名字将与爱迪生和爱因斯坦一同被铭记。他们的理念将继续改变世界，影响数代人。在过去的40年中，史蒂夫·乔布斯一次又一次预见了未来，并把它付诸实践。乔布斯热情、信念和才识重新塑造了文明的形态。

机器人原理

　　机器人是自动执行工作的机器装置。它既可以接受人类指挥，又可以运行预先编排的程序，也可以根据以人工智能技术制定的原则纲领行动。它的任务是协助或取代人类的工作，例如生产业、建筑业，或是危险的工作。

　　现在，国际上对机器人的概念已经趋近一致。一般来说，人们都可以接受这种说法，即机器人是靠自身动力和控制能力来实现各种功能的一种机器。联合国标准化组织采纳了美国机器人协会给机器人下的定义："一种可编程和多功能的操作机；或是为了执行不同的任务而具有可用电脑改变和可编程动作的专门系统。"它能为人类带来许多方便之处！

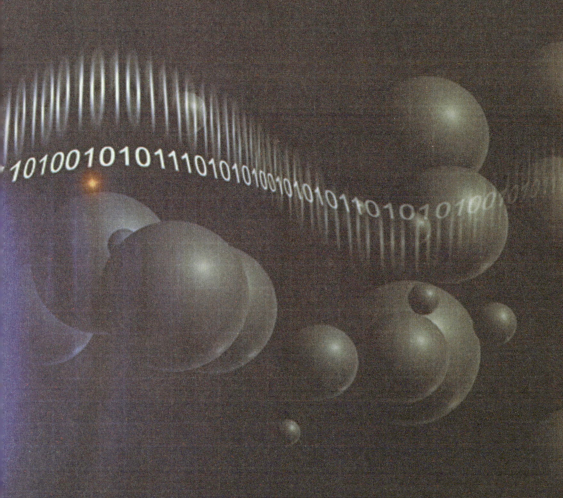

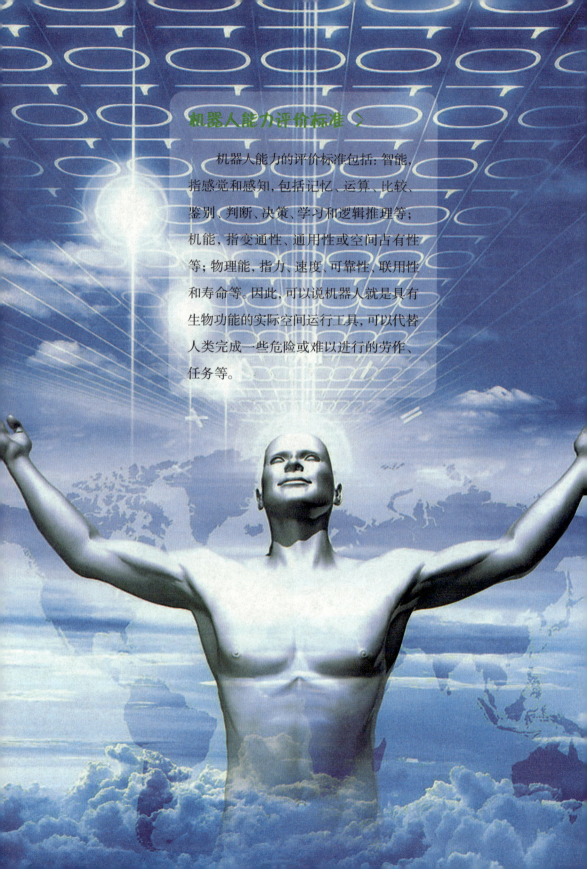

机器人能力评价标准 >

机器人能力的评价标准包括：智能，指感觉和感知，包括记忆、运算、比较、鉴别、判断、决策、学习和逻辑推理等；机能，指变通性、通用性或空间占有性等；物理能，指力、速度、可靠性、联用性和寿命等。因此，可以说机器人就是具有生物功能的实际空间运行工具，可以代替人类完成一些危险或难以进行的劳作、任务等。

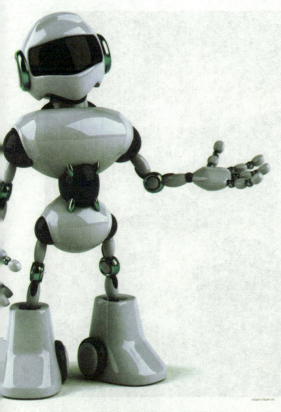

称为关节，关节个数通常即为机器人的自由度数。根据关节配置型式和运动坐标形式的不同，机器人执行机构可分为直角坐标式、圆柱坐标式、极坐标式和关节坐标式等类型。出于拟人化的考虑，常将机器人本体的有关部位分别称为基座、腰部、臂部、腕部、手部（夹持器或末端执行器）和行走部（对于移动机器人）等。

- **驱动装置**

是驱使执行机构运动的机构，按照控制系统发出的指令信号，借助于动力元件使机器人进行动作。它输入的是电信号，输出的是线、角位移量。机器人使用的驱动装置主要是电力驱动装置，如步进电机、伺服电机等，此外也有采用液压、气动等驱动装置。

机器人的组成 〉

机器人一般由执行机构、驱动装置、检测装置、控制系统和复杂机械等组成。

- **执行机构**

即机器人本体，其臂部一般采用空间开链连杆机构，其中的运动副（转动副或移动副）常

- **检测装置**

检测装置是实时检测机器人的运动及工作情况，根据需要反馈给控制系统，与

79

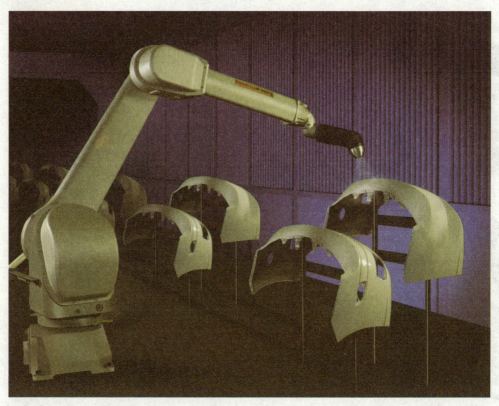

设定信息进行比较后，对执行机构进行调整，以保证机器人的动作符合预定的要求。作为检测装置的传感器大致可以分为两类：一类是内部信息传感器，用于检测机器人各部分的内部状况，如各关节的位置、速度、加速度等，并将所测得的信息作为反馈信号送至控制器，形成闭环控制。一类是外部信息传感器，用于获取有关机器人的作业对象及外界环境等方面的信息，以使机器人的动作能适应外界情况的变化，使之达到更高层次的自动化，甚至使机器人具有某种"感觉"，向智能化发展，例如视觉、声觉等外部传感器给出工作对象、工作环境的有关信息，利用这些信息构成一个大的反馈回路，从而将大大提高机器人的工作精度。

• **控制系统**

控制系统有两种方式：一种是集中式控制，即机器人的全部控制由一台微型计算机完成。另一种是分散（级）式控制，即采用多台微机来分担机器人的控制，如当采用上、下两级微机共同完成机器人的控制时，主机常用于负责系统的管理、通讯、运动学和动力学计算，并向下级微机发送指令信息；作为下级从机，各关节分别对应一个 CPU，进行插补运算和伺服控制处理，实现给定的运动，并向主机反馈信息。根据作业任务要求的不同，机器人的控制方式又可分为点位控制、连续轨迹控制和力（力矩）控制。

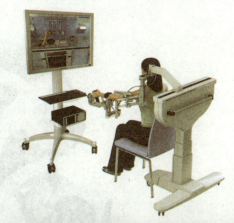

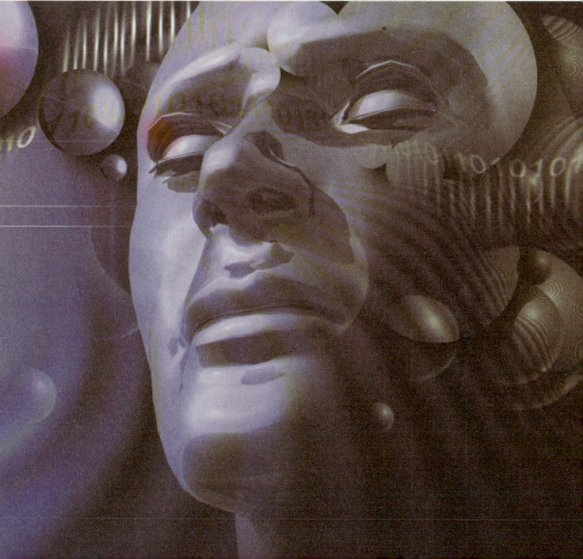

机器人发展史 〉

智能型机器人是最复杂的机器人，也是人类最渴望能够早日制造出来的机器朋友。然而要制造出一台智能机器人并不容易，仅仅是让机器模拟人类的行走动作，科学家们就要付出数十年甚至上百年的努力。

1959年德沃尔与美国发明家约瑟夫·英格伯格联手制造出第一台工业机器人。随后，成立了世界上第一家机器人制造工厂——Unimation公司。由于英格伯格对工业机器人的研发和宣传，他也被称为"工业机器人之父"。

1962年，美国AMF公司生产出"VERSTRAN"（意思是万能搬运），与Unimation公司生产的Unimate一样成为真正商业化的工业机器人，并出口到世界各国，掀起了全世界对机器人和机器人研究的热潮。

1962年—1963年，传感器的应用提高了机器人的可操作性。人们试着在机器人上安装各种各样的传感器，包括1961年恩斯特采用的触觉传感器，托莫维奇和博尼1962年在世界上最早的"灵巧手"上用到了压力传感器，而麦卡锡1963年则开始在机器人中加入视觉传感系统，并在1964年，帮助MIT推出了世界上第一个带有视觉传感器，能识别并定位积木的机器人系统。

1965年，约翰·霍普金斯大学应用物理实验室研制出Beast机器人。Beast已经能通过声呐系统、光电管等装置，根据环境校正自己的位置。20世纪60年代中期开始，美国麻省理工学院、斯坦福大学、英国爱丁堡大学等陆续成立了机器人实验室。此时美国兴起研究第二代带传感器、"有感觉"的机器人，并向人工智能进发。

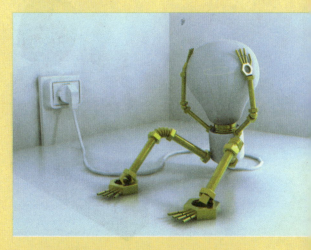

1968年，美国斯坦福研究所公布他们研发成功的机器人Shakey。它带有视觉传感器，能根据人的指令发现并抓取积木，不过控制它的计算机有一个房间那么大。Shakey可以算是世界第一台智能机器人，拉开了第三代机器人研发的序幕。

1969年，日本早稻田大学加藤一郎实验室研发出第一台以双脚走路的机器

1978年，美国Unimation公司推出通用工业机器人PUMA，这标志着工业机器人技术已经完全成熟。PUMA至今仍然工作在工厂第一线。

1984年，英格伯格再推机器人Helpmate，这种机器人能在医院里为病人送饭、送药、送邮件。同年，他还预言："我要让机器人擦地板，做饭，出去帮我洗车，检查安全。"

1990年，中国著名学者周海中教授在《论机器人》一文中预言：到21世纪中叶，纳米机器人将彻底改变人类的劳动和生活方式。

人。加藤一郎长期致力于研究仿人机器人，被誉为"仿人机器人之父"。日本专家一向以研发仿人机器人和娱乐机器人的技术见长，后来更进一步，催生出本田公司的ASIMO和索尼公司的QRIO。

1973年，世界上第一次机器人和小型计算机携手合作，就诞生了美国Cincinnati Milacron公司的机器人T3。

1998年，丹麦乐高公司推出机器人套件，让机器人制造变得跟搭积木一样，相对简单又能任意拼装，使机器人开始走入个人世界。

1999年，日本索尼公司推出犬型机器人爱宝，当即销售一空，从此娱乐机器人成为目前机器人迈进普通家庭的途径之一。

2002年，美国iRobot公司推出了吸尘器机器人Roomba，它能避开障碍，自动设计行进路线，还能在电量不足时，自动驶向充电座。Roomba是目前世界上销量最大、最商业化的家用机器人。iRobot公司北京区授权代理商是北京微网智宏科技有限公司。

2006年6月，微软公司推出Microsoft Robotics Studio，机器人模块化、平台统一化的趋势越来越明显，比尔·盖茨预言，家用机器人很快将席卷全球。

85

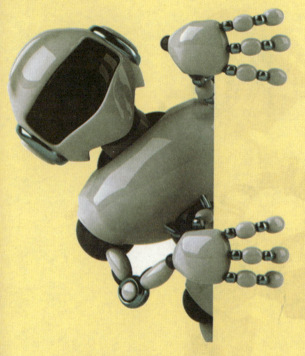

大类，即工业机器人和特种机器人。所谓工业机器人就是面向工业领域的多关节机械于或多自由度机器人。而特种机器人则是除工业机器人之外的、用于非制造业并服务于人类的各种先进机器人，包括：服务机器人、水下机器人、娱乐机器人、军用机器人、农业机器人、机器人化机器等。在特种机器人中，有些分支发展很快，有独立成体系的趋势，如服务机器人、水下机器人、军用机器人、微操作机器人等。目前，国际上的机器人学者，从应用环境出发将机器人也分为两类：制造环境下的工业机器人和非制造环境下的服务与仿人型机器人，这和中国的分类是一致的。

机器人的分类 〉

　　起源因为科幻小说之中，人们对机器人充满了幻想。也许正是由于机器人定义的模糊，才给了人们充分的想象和创造空间。

　　中国的机器人专家从应用环境出发，将机器人分为两

- 家务型机器人

能帮助人们打理生活，做简单的家务活。

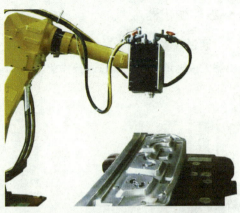

- 程控型机器人

按预先要求的顺序及条件，依次控制机器人的机械动作。

- 操作型机器人

能自动控制，可重复编程，多功能，有几个自由度，可固定或运动，用于相关自动化系统中。

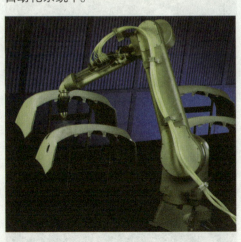

- 示教再现型机器人

通过引导或其他方式，先教会机器人动作，输入工作程序，机器人则自动重复进行作业。

- **数控型机器人**

  通过数值、语言等对机器人进行示教，机器人根据示教后的信息进行作业。

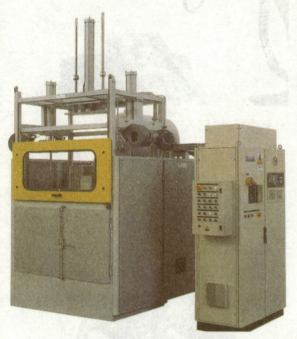

- **适应控制型机器人**

  能适应环境的变化，控制其自身的行动。

- **感觉控制型机器人**

  利用传感器获取的信息控制机器人的动作。

废墟中，用红外线扫描废墟中的景象，把信息传送给在外面的搜救人员的机器人。

• **学习控制型机器人**

能"学习"工作的经验，具有一定的学习功能，并将所"学"的经验用于工作中。

• **智能机器人**

以人工智能决定其行动的机器人。

• **搜救类机器人**

在大型灾难后，能进入人进入不了的

机器人与人 〉

有些人认为，最高级的机器人要做的和人一模一样，其实非也。实际上，机器人是利用机械传动、现代微电子技术组合而成的一种能模仿人某种技能的机械电子设备，它是在电子、机械及信息技术的基础上发展而来的。然而，机器人的样子不一定必须像人，只要能自主完成人类所赋予的任务与命令，就属于机器人大家族的成员。

同一个部位上的一个螺母，有的人整天就是接一个线头，就像电影《摩登时代》中演示的那样，人们感到自己在不断异化，各种职业病逐渐产生，于是人们强烈希望用某种机器代替自己工作，因此人们研制出了机器人，用以代替人们去完成那些单调、枯燥或是危险的工作。由于机器人的问世，使一部分工人失去了原来的工作，于是有人对机器人产生了敌意。

"机器人上岗，人将下岗。"不仅在中国，即使在一些发达国家如美国，也有人持这种观念。其实这种担心是多余的，任何先进的机器设备，都会提高劳动生产率和产品质量，创造出更多的社会财富，也就必然提供更多的就业机会，这已被人类生产发展史所证明。任何新事物的出现都有利有弊，只不过利大于弊，很快就得到了人们的认可。比如汽车的出现，它不仅夺了一部分人力车夫、挑夫的生意，还常常出车祸，给人类生命财产带来威胁。虽然人们都看到了汽车的这些弊端，但它还是成了人们

随着社会的不断发展，各行各业的分工越来越明细，尤其是在现代化的大产业中，有的人每天就只管拧一批产品的

日常生活中必不可少的交通工具。英国一位著名的政治家针对关于工业机器人的这一问题说过这样一段话："日本机器人的数量居世界首位，而失业人口最少，英国机器人数量在发达国家中最少，而失业人口居高不下。"这也从另一个侧面说明了机器人是不会抢人饭碗的。

美国是机器人的发源地，机器人的拥有量远远少于日本，其中部分原因就是因为美国有些工人不欢迎机器人，从而抑制了机器人的发展。日本之所以能迅速成为机器人大国，原因是多方面的，但其中很重要的一条就是当时日本劳动力短缺，政府和企业都希望发展机器人，国民也都欢迎使用机器人。由于使用了机器人，日本也尝到了甜头，它的汽车、电子工业迅速崛起，很快占领了世界市场。从现在世界工业发展的潮流看，发展机器人是一条必由之路。没有机器人，人将变为机器；有了机器人，人仍然是主人。

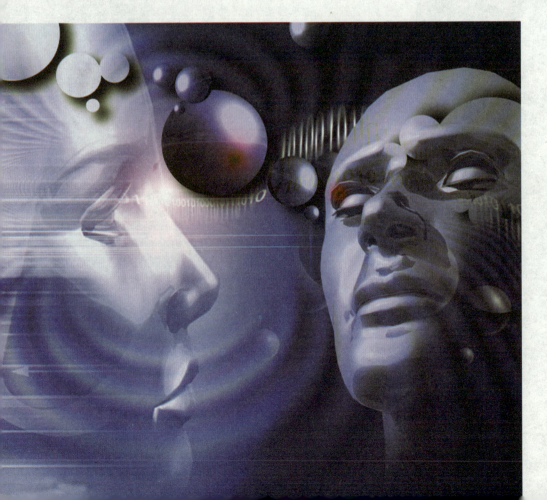

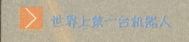

世界上第一台机器人

　　世界上第一台真正实用的工业机器人诞生于20世纪60年代初期。它的模样像一个坦克的炮塔，基座上有一个机械臂，它可以绕着轴在基座上旋转，臂上有一个小一些的机械臂，可以"张开"和"握拳"。

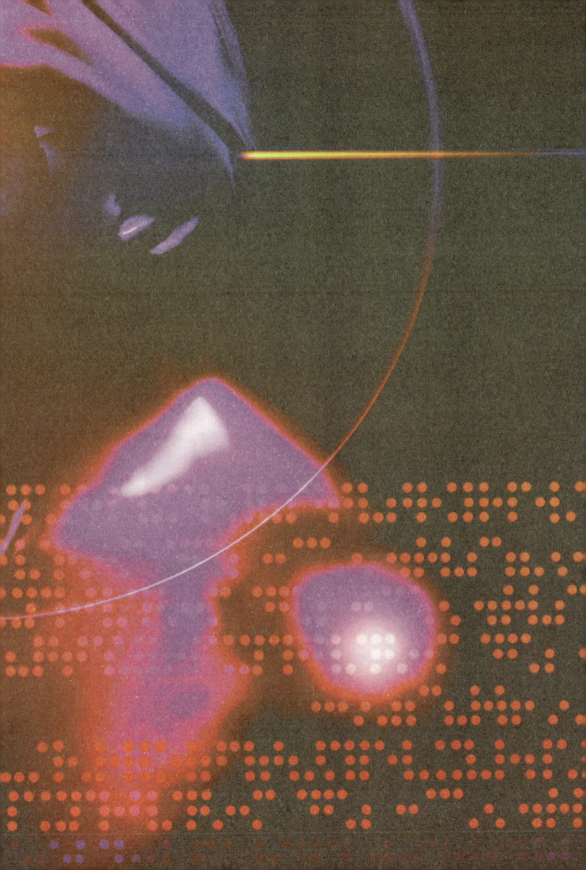

机器人世界杯足球锦标赛 〉

RoboCup(Robot World Cup)即机器人世界杯足球锦标赛,以MAS(Multi-Agent System)和DAI(Distributed Artificial Intelligence)为主要研究背景。主要目的就是通过提供一个标准的易于评价的比赛平台,促进DAI与MAS的研究与发展。

机器人足球赛涉及人工智能、机器人学、通讯、传感、精密机械和仿生材料等诸多领域的前沿研究和技术集成,实际上是高技术的对抗赛。国际上最具影响的FIRA和RoboCup两大世界杯机器人足球赛,有严格的比赛规则,融趣味性、观赏性、科普性为一体。

RoboCup比赛项目在1997年刚开始第一届比赛时,只有小型组、中型组和仿真组比赛;1999年时增加了索尼有腿机器人赛;2001年增加了救援仿真比赛和救援机器人赛;2002年增加了更多的项目,包括四腿机器人赛、类人机器人赛及机器人挑战赛,其中类人机器人赛包括下面4个项目:行走、H-40射门、H-80射门、自由风格赛,机器人挑战赛包括足球挑战赛和

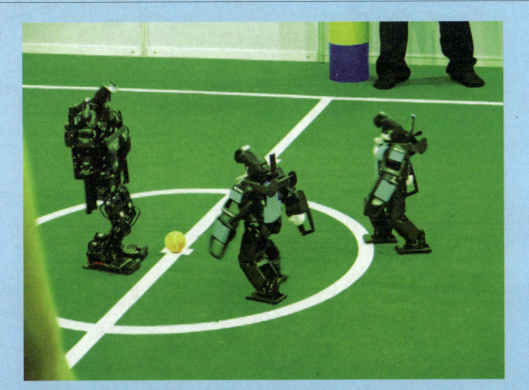

舞蹈挑战赛；2003年仿真组增加了几项比赛如在线教练赛等，机器人挑战赛也增加了几个项目如救援挑战赛等。

来自中国的球队在RoboCup比赛中表现突出，近年的仿真组八强中有三支中国球队，清华火神队更是连续夺得两次冠军和一次亚军。意大利RoboCup2003比赛中，除类人组以外的其他足球比赛项目都出现了中国队员的身影。第15届土耳其伊斯坦布尔RoboCup机器人世界杯赛中，中国科学技术大学机器人"蓝鹰"队在传统强项仿真2D比赛中以全胜战绩获得冠军，进一步强化了在本领域的世界领军地位；在强手如林的服务机器人比赛中，"蓝鹰"队不负众望夺得亚军，取得历史性突破，一举改写了中国从未进入世界前5名的纪录，标志着中国服务机器人研究取得了重要进展；在中型组项目中北京信息科技大学的"water"苦战13局，以13战全胜、进98球失9球的骄人战绩成功卫冕机器人世界杯冠军，在实物组项目上第一次夺冠（第14届新加坡首次夺冠）并且卫冕，标志着中国中型组发展达到世界水平。

● 机器人怎样"代替"人

无人机 >

● "别动队"无人机

纵观无人机发展的历史，可以说现代战争是推动无人机发展的动力。而无人机对现代战争的影响也越来越大。一次和二次世界大战期间，尽管出现并使用了无人机，但由于技术水平低下，无人机并未发挥重大作用。朝鲜战争中美国使用了无人侦察机和攻击机，不过数量有限。在随后的越南战争、中东战争中无人机已成为必不可少的武器系统。而在海湾战争、波黑战争及科索沃战争中无人机更成了主要的侦察机种。

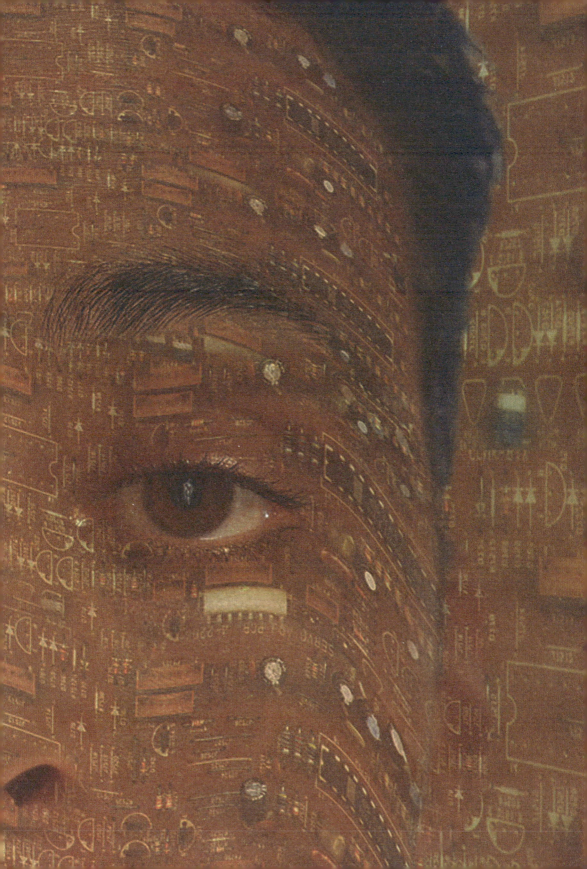

• 法国"红隼"无人机

越南战争期间美国空军损失惨重，被击落飞机 2500 架，飞行员死亡 5000 多名，美国国内舆论哗然。为此美国空军较多地使用了无人机。如"水牛猎手"无人机在越南上空执行任务 2500 多次，超低空拍摄照片，损伤率仅 4%。AQM-34Q 型 147 火蜂无人机飞行 500 多次，进行电子窃听、电台干扰、抛撒金属箔条及为有人飞机开辟通道等。

• 高空无人侦察机

在 1982 年的贝卡谷地之战中，以色列军队通过空中侦察发现。叙利亚在贝卡谷地集中了大量部队。6 月 9 日，以军出动美制 E-2C "鹰眼"预警飞机对叙军进行监视，同时每天出动"侦察兵"及"猛犬"等无人机 70 多架次，对叙军的防空阵地、机场进行反复侦察，并将拍摄的图像传送给预警飞机和地面指挥部。这样，以军准确地查明了叙军雷达的位置，接着发射"狼"式反雷达导弹，摧毁了叙军不少雷达、导弹及自行高炮，迫使叙军的雷达不敢开机，为以军有人飞机攻击目标创造了条件。

排爆用机器人 〉

在西方国家中，恐怖活动始终是个令当局头疼的问题。英国由于民族矛盾，饱受爆炸物的威胁，因而早在20世纪60年代就研制成功排爆机器人。英国研制的履带式"手推车"及"超级手推车"排爆机器人，已向50多个国家的军警机构售出了800台以上。英国之后又将手推车机器人加以优化，研制出土拨鼠及野牛两种遥控电动排爆机器人，英国皇家工程兵在波黑及科索沃都用它们探测及处理爆炸物。土拨鼠重35千克，在桅杆上装有两台摄像机。野牛重210千克，可携带100千克负载。两者均采用无线电控制系统，遥控距离约1千米。

除了恐怖分子安放的炸弹外，在世界上许多战乱国家中，到处散布着未爆炸的各种弹药。例如，海湾战争后的科威特，就像一座随时可能爆炸的弹药库。在伊科边境一万多平方千米的地区内，有16个国家制造的25万颗地雷，85万发炮弹，以及多国部队投下的布雷弹及子母弹的2500万颗子弹，其中至少有20%没有爆炸。而且直到现在，在许多国家中甚至还残留有一次大战和二次大战中未爆炸的炸弹和地雷。因此，爆炸物处理机器人的需求量是很大的。

排除爆炸物机器人有轮式的及履带式的，它们一般体积不大，转向灵活，便于在狭窄的地方工作，操作人员可以在几百米到几千米以外通过无线电或光缆控制其活动。机器人车上一般装有多台彩色CCD摄像机用来对爆炸物进行观察；一个多自由度机械手，用它的手爪或夹钳可将爆炸物的引信或雷管拧下来，并把爆炸物运走；车上还装有猎枪，利用激光指示器瞄准后，它可把爆炸物的定时装置及引爆装置击毁；有的机器人还装有高压水枪，可以切割爆炸物。

水下机器人 〉

无人遥控潜水器，也称水下机器人。一种工作于水下的极限作业机器人，能潜入水中代替人完成某些操作，又称潜水器。水下环境恶劣危险，人的潜水深度有限，所以水下机器人已成为开发海洋的重要工具。无人遥控潜水器主要有缆遥控潜水器和无缆遥控潜水器两种，其中有缆遥控潜水器又分为水中自航式、拖航式和能在海底结构物上爬行式三种。

从1953年第一艘无人遥控潜水器问世，到1974年的20年里，全世界共研制了20艘。特别是1974年以后，由于海洋油气业的迅速发展，无人遥控潜水器也得到飞速发展。到1981年，无人遥控潜水器发展到了400余艘，其中90%以上是直接或间接为海洋石油开采业服务的。1988年，无人遥控潜水器又得到长足发展，猛增到958艘，比1981年增加了110%。这个时期增加的潜水器多数为有缆遥控潜水器，大约为800艘上下，其中420余艘是直接为海上油气开采用的。无人无缆潜水器的发展相对慢一些，只研制出26艘，其中工业用的8艘，其他均用于军事和科学研究。另外，载人和无人混合潜水器在这个时期也得到发展，已经研制出32艘，其中28艘用于工业服务。

潜水器的水下运行和作业，由操作员在水面母舰上控制和监视。靠电缆向本体提供动力和交换信息。中继器可减少电缆对本体运行的干扰。新型潜水器从简单的遥控式向监控式发展，即由母舰计算机和潜水器本体计算机实行递阶控制，它能对观测信息进行加工，建立环境和内部状态模型。操作人员通过人机交互系统以面向过程的抽象符号或语言下达命令，并接受经计算机加工处理的信息，对潜水器的运行和动作过程进行监视并排除

故障。近年来开始研制智能水下机器人系统。操作人员仅下达总任务，机器人就能根据识别和分析出的环境，自动规划行动、回避障碍、自主地完成指定任务。

　　小型遥控水下机器人已广泛用于管道容器检查、船舶河道海洋石油、科学研究教学、水下娱乐、能源探测和取出、水下考古及水下沉船考察、深水网箱渔业养殖、人工渔礁调查等。

服务机器人 〉

服务机器人是机器人家族中的一个年轻成员，到目前为止尚没有一个严格的定义。不同国家对服务机器人的认识不同。服务机器人的应用范围很广，主要从事维护保养、修理、运输、清洗、保安、救援、监护等工作。国际机器人联合会经过几年的搜集整理，给了服务机器人一个初步的定义：服务机器人是一种半自主或全自主工作的机器人，它能完成有益于人类健康的服务工作，但不包括从事生产的设备。这里，我们把其他一些贴近人们生活的机器人也列入其中。

• 护士助手

　　"护士助手"是自主式机器人，它不需要有线制导，也不需要事先作计划，一旦编好程序，它随时可以完成以下各项任务：运送医疗器材和设备，为病人送饭、病历、报表及信件，运送药品，运送试验样品及试验结果，在医院内部送邮件及包裹。

　　该机器人由行走部分、行驶控制器及大量的传感器组成。机器人可以在医院中自由行动，其速度为 0.7 米 / 秒左右。机

器人中装有医院的建筑物地图，在确定目的地后机器人利用航线推算法自主地沿走廊导航，由结构光视觉传感器及全方位超声波传感器可以探测静止或运动物体，并对航线进行修正。它的全方位触觉传感器

DIAN NAO JIUJING SHI SHUI DE NAO

保证机器人不会与人或物相碰。车轮上的编码器测量它行驶过的距离。在走廊中，机器人利用墙角确定自己的位置，而在病房等较大的空间里，它可利用天花板上的反射带，通过向上观察的传感器帮助定位。需要时它还可以开门。在多层建筑物中，它可以给载人电梯打电话，并进入电梯到所要到的楼层。紧急情况下，例如某一外科医生及其病人使用电梯时，机器人可以停下来，让开路，2 分钟后它重新启动继续前进。通过"护士助手"上的菜单可以选择多个目的地，机器人有较大的荧光屏及用户友好的音响装置，用户使用起来迅捷方便。

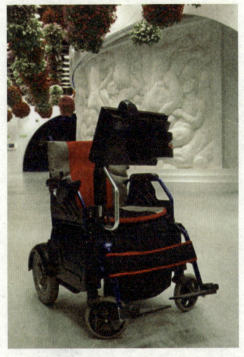

● 智能轮椅

随着社会的发展和人类文明程度的提高，人们特别是残疾人愈来愈需要运用现代高新技术来改善他们的生活质量和生活自由度。因为各种交通事故、天灾人祸和种种疾病，每年大约有成千上万的人丧失一种或多种能力（如行走、动手能力等）。因此，对用于帮助残障人行走的机器人轮椅的研究已逐渐成为热点，如西班牙、意大利等国，中国科学院自动化研究所也成功研制了一种具有视觉和口令导航功能并能与人进行语音交互的机器人轮椅。机器人轮椅主要有口令识别与语音合成、机器人自定位、动态随机避障、多传感器信息融合、实时自适应导航控制等功能。

• 擦窗机器人

　　长期以来，高楼大厦的外墙壁清洗，都是"一桶水、一根绳、一块板"的作业方式。洗墙工人腰间系一根绳子，悠荡在高楼之间，不仅效率低，而且易出事故。基于这种情况，北京航空航天大学机器人研究所发挥其技术优势与铁道部北京铁路局科研所为北京西客站合作开发了一台玻璃顶棚（约3000平米）清洗机器人。

　　该机器人由机器人本体和地面支援机器人小车两大部分组成。机器人本体是沿着玻璃壁面爬行并完成擦洗动作的主体，重25千克，它可以根据实际环境情况灵活自如地行走和擦洗，而且具有很高的可靠性。地面支援小车属于配套设备，在机器人工作时，负责为机器人供电、供气、供水及回收污水，它与机器人之间通过管路连接。

• 消防机器人

　　常言道水火无情，这其中道出了水火对人类的威胁及人们对水火的无奈。提起火灾，人们会联想起一起起悲剧。面对无情的火灾，公安部上海消防研究所、上海交通大学、上海市消防局共同制定了研制消防机器人的计划。经过3年的研究，我国第一台消防机器人已经诞生。消防机器人可以行走、爬坡、跨障、喷射灭火，可以进行火场侦察。

105

● 救援机器人

　　不仅在我国，在世界上消防工作也是一个大难题，各国政府都千方百计地将火灾的损失降到最低点。1984 年 11 月，在日本东京的一个电缆隧道内发生了一起火灾，消防队员不得不在浓烟和高温的危险环境下在隧道内灭火。这次火灾之后，东京消防部门开始对能在恶劣条件下工作的消防机器人进行研究，目前已有 5 种用途的消防机器人投入使用。

● 遥控消防机器人

　　1986 年第一次使用了这种机器人。当消防人员难于接近火灾现场灭火时，或有爆炸危险时，便可使用这种机器人。这

种机器人装有履带，最大行驶速度可达 10 千米 / 小时，每分钟能喷出 5 吨水或 3 吨泡沫。

• 喷射灭火机器人

这种机器人于 1989 年研制成功，属于遥控消防机器人的一种，用于在狭窄的通道和地下区域进行灭火。机器人高 45 厘米，宽 74 厘米，长 120 厘米。它由喷气式发动机或普通发动机驱动行驶。当机器人到达火灾现场时，为了扑灭火焰，喷嘴将水流转变成高压水雾喷向火焰。

• 攀登营救机器人

攀登营救机器人于 1993 年第一次使用。当高层建筑物的上层突然发生火灾时，机器人能够攀登建筑物的外墙壁去调查火

• 消防侦察机器人

消防侦察机器人诞生于 1991 年，用于收集火灾现场及周围的各种信息，并在有浓烟或毒气体的情况下，支援消防人员。机器人有 4 条履带，一只操作臂和 9 种采集数据用的采集装置，包括摄像机、热分布指示器和气体浓度测量仪。

情，并进行营救和灭火工作。该机器人能沿着从建筑物顶部放下来的钢丝绳自己用绞车向上提升，然后它可以利用负压吸盘在建筑物上自由移动。这种机器人可以爬 70 米高的建筑物。

- 救护机器人

救护机器人于 1994 年第一次投入使用。这种机器人能够将受伤人员转移到安全地带。机器人长 4 米，宽 1.74 米，高 1.89 米，重 3860 千克。它装有橡胶履带，最高速度为 4 千米 / 小时。它不仅有信息收集装置，如电视摄像机、易燃气体检测仪、超声波探测器等；还有 2 只机械手，最大抓力为 90 千克。机械手可将受伤人员举起送到救护平台上，在那里可以为他们提供新鲜空气。

农业机器人 〉

农业机器人是用于农业生产的特种机器人，是一种新型多功能农业机械。农业机器人的问世，是现代农业机械发展的结果，是机器人技术和自动化技术发展的产物。农业机器人的出现和应用，改变了传统的农业劳动方式，促进了现代农业的发展。

• 施肥机器人

美国明尼苏达州一家农业机械公司的研究人员推出的机器人别具一格，它会从不同土壤的实际情况出发，适量施肥。它的准确计算合理地减少了施肥的总量，降低了农业成本。由于施肥科学，使地下水质得以改善。

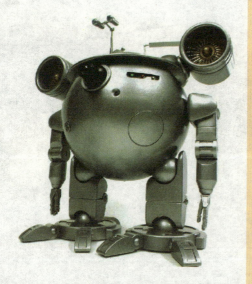

• 大田除草机器人

德国农业专家采用计算机、全球定位系统（GPS）和灵巧的多用途拖拉机综合技术，研制出可准确施用除草剂除草的机器人。首先，由农业工人领着机器人在田

间行走。在到达杂草多的地块时，它身上的 GPS 接收器便会显示出确定杂草位置的坐标定位图。农业工人先将这些信息当场按顺序输入便携式计算机，返回场部后再把上述信息数据资料输到拖拉机上的一台计算机里。当他们日后驾驶拖拉机进入田间耕作时，除草机器人便会严密监视行程位置。如果来到杂草区，它的机载杆式喷雾器相应部分立即启动，让化学除草剂准确地喷撒到所需地点。

• 菜田除草机器人

英国科技人员开发的菜田除草机器人所使用的是一部摄像机和一台识别野草、

蔬菜和土壤图像的计算机组合装置，利用摄像机扫描和计算机图像分析，层层推进除草作业。它可以全天候连续作业，除草时对土壤无侵蚀破坏。科学家还准备在此基础上，研究与之配套的除草机械来代替除草剂。收割机器人是美国新荷兰农业机械公司投资 250 万美元研制一种多用途的自动化联合收割机器人，著名的机器人专家雷德·惠特克主持设计工作，他曾经成功地制造出能够用于监测地面扭曲、预报地震和探测火山喷发活动征兆的航天飞机专用机器人。惠特克开发的全自动联合收割机器人很适合在美国一些专属农垦区的

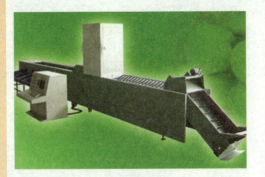

大片规划整齐的农田里收割庄稼，其中的一些高产田的产量是一般农田的十几倍。

采摘柑桔机器人

西班牙科技人员发明的这种机器人由一台装有计算机的拖拉机、一套光学视觉系统和一个机械手组成，能够从桔子的大

小、形状和颜色判断出是否成熟，决定可不可以采摘。它工作的速度极快，每分钟摘柑桔 60 个而靠手工只能摘 8 个左右。另外，采摘柑桔机器人通过装有视频器的机械手，能对摘下来的柑桔按大小马上进行分类。

采摘蘑菇机器人

英国是世界上盛产蘑菇的国家，蘑菇种植业已成为排名第二的园艺作物。据统计，人工每年的蘑菇采摘量为 2 万吨，盈利十分可观。为了提高采摘速度，使人逐步摆脱这一繁重的农活，英国西尔索农机研究所研制出采摘蘑菇机器人。它装有摄像机和视觉图像分析软件，用来鉴别所采

摘蘑菇的数量及属于哪个等级，从而决定运作程序。采摘蘑菇机器人在机上的一架红外线测距仪测定出田间蘑菇的高度之后，真空吸柄就会自动地伸向采摘部位，根据需要弯曲和扭转，将采摘的蘑菇及时投入到紧跟其后的运输机中。它每分钟可采摘 40 个蘑菇，速度是人工的两倍。

• 分拣果实机器人

在农业生产中，将各种果实分拣归类是一项必不可少的农活，往往需要投入大

量的劳动力。英国西尔索农机研究所的研究人员开发出一种结构坚固耐用、操作简便的果实分检机器人，从而使果实的分检实现了自动化。它采用光电图像辨别和提升分检机械组合装置，可以在潮湿和泥泞的环境里干活，它能把大个西红柿和小粒樱桃加以区别，然后分检装运，也能将不同大小的土豆分类，并且不会擦伤果实的外皮。

• 采摘草莓机器人

日本国家农业和食品研究发明了一个能够采摘草莓的机器人。该机器人装有一组摄像头，能够精确捕捉草莓的位置，还有配套软件能根据草莓的红色程度来确保机器人采摘的是成熟的草莓。虽然此机器人目前只能采摘草莓，但可以通过修改程序来使机器人采摘其他水果，如葡萄、番茄等。机器人采一个草莓的时间是 9 秒，如果大范围使用并能保持采摘效率，可以节省农民 40% 的采摘时间。

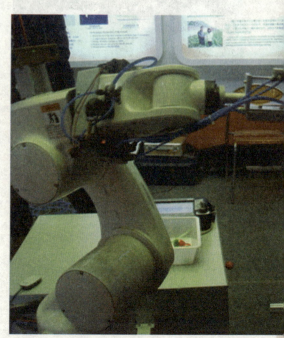

科幻小说家艾萨克·阿西莫夫在小说中所订立的"机器人三定律"。阿西莫夫为机器人提出的三条"定律"，程序上规定所有机器人必须遵守：

一：机器人不得伤害人类，或袖手旁观坐视人类受到伤害；

二：除非违背第一法则，机器人必须服从人类的命令；

三：在不违背第一及第二法则下，机器人必须保护自己。

这是给机器人赋予的伦理性纲领。机器人学术界一直将这三原则作为机器人开发的准则。

1886 年法国作家利尔亚当在他的小说《未来夏娃》中将外表像人的机器起名为"安德罗丁"（Android），它由 4 部分组成：

1. 生命系统（平衡、步行、发声、身体摆动、感觉、表情、调节运动等）；

2. 造型介质（关节能自由运动的金属覆盖体，一种盔甲）；

3. 人造肌肉（在上述盔甲上有肉体、静脉、性别等身体的各种形态）；

4. 人造皮肤（含有肤色、肌理、轮廓、头发、视觉、牙齿、手爪等）。

1920 年捷克作家卡雷尔·卡佩克发表了科幻剧本《罗萨姆的万能机器人》。在剧本中，卡佩克把捷克语"Robota"写成了"Robot"，"Robota"是奴隶的意思。该剧预告了机器人的发展对人类社会的悲剧性影响，引起了大家的广泛关注，被当成了机器人一词的起源。

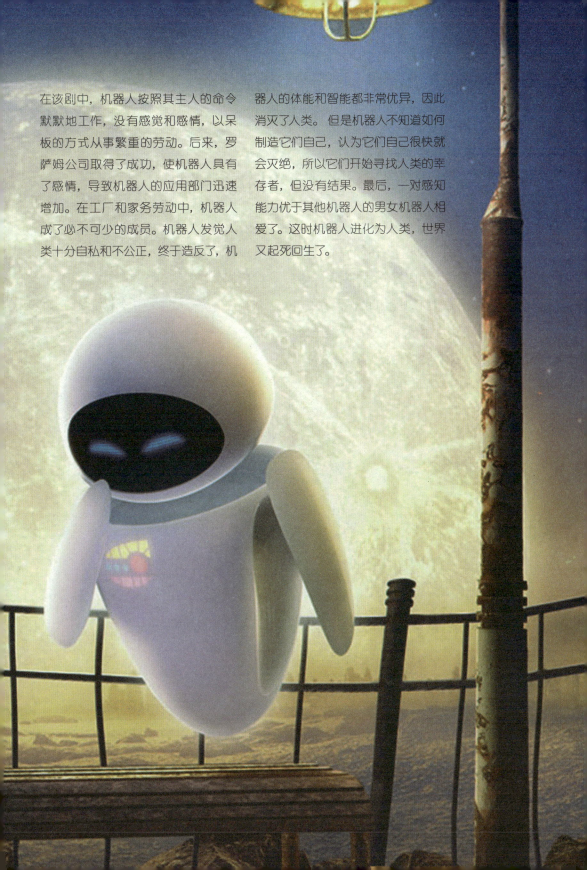

在该剧中，机器人按照其主人的命令默默地工作，没有感觉和感情，以呆板的方式从事繁重的劳动。后来，罗萨姆公司取得了成功，使机器人具有了感情，导致机器人的应用部门迅速增加。在工厂和家务劳动中，机器人成了必不可少的成员。机器人发觉人类十分自私和不公正，终于造反了，机器人的体能和智能都非常优异，因此消灭了人类。但是机器人不知道如何制造它们自己，认为它们自己很快就会灭绝，所以它们开始寻找人类的幸存者，但没有结果。最后，一对感知能力优于其他机器人的男女机器人相爱了。这时机器人进化为人类，世界又起死回生了。

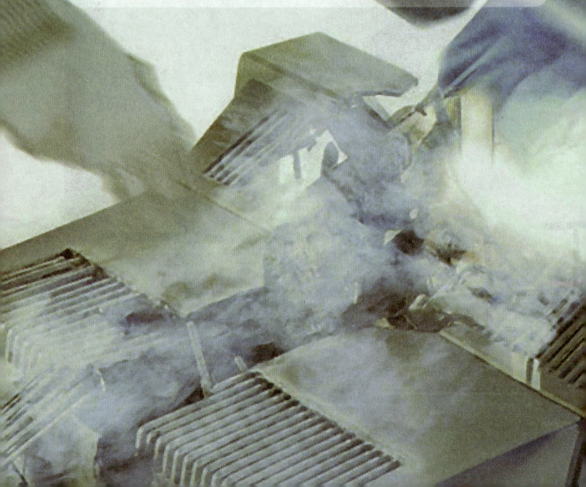

● 警惕"时髦"病

　　计算机对人体健康的伤害有两个方面的内容，一是生理健康的伤害，二是心理健康的伤害。关于电脑危害大家说得最多的就是电磁辐射，还有与脑有关的病症，比如"腕管综合征"、"计算机视觉综合征"、"鼠标手"、"电脑狂暴症"、"上网依赖症"……总之，使用电脑时都要注意防护。

电磁辐射 〉

电磁辐射又称电子烟雾，是由空间共同移送的电能量和磁能量所组成，而该能量是由电荷移动所产生；举例说，正在发射讯号的射频天线所发出的移动电荷，便会产生电磁能量。电磁"频谱"包括形形色色的电磁辐射，从极低频的电磁辐射至极高频的电磁辐射。两者之间还有无线电波、微波、红外线、可见光和紫外光等。电磁频谱中射频部分的一般定义，是指频率约由3000至300吉赫的辐射。

• 六大危害

• 危害之一

　　它极可能是造成儿童患白血病的原因之一。医学研究证明，长期处于高电磁辐射的环境中，会使血液、淋巴液和细胞原生质发生改变。意大利专家研究后认为，该国每年有 400 多儿童患白血病，其主要原因是距离高压线太近，因而受到了严重的电磁污染。

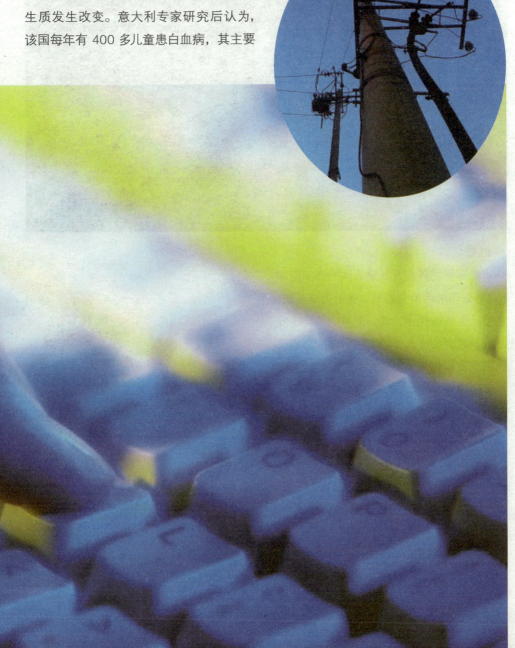

• 危害之二

　　能够诱发癌症并加速人体的癌细胞增殖。电磁辐射污染会影响人类的循环系统、免疫、生殖和代谢功能，严重的还会诱发癌症，并会加速人体的癌细胞增殖。瑞士的研究资料指出，周围有高压线经过的住户居民，患乳腺癌的概率比常人高 7.4 倍。

　　美国得克萨斯州癌症医学基金会针对一些遭受电磁辐射损伤的病人所做的抽样化验结果表明，在高压线附近工作的工人，其癌细胞生长速度比一般人要快 24 倍。

• 危害之三

　　影响人类的生殖系统，主要表现为男子精子质量降低，孕妇发生自然流产和胎儿畸形等。

• 危害之四

可导致儿童智力残缺。据最新调查显示，我国每年出生的 2000 万儿童中，有 35 万为缺陷儿，其中 25 万为智力残缺，有专家认为电磁辐射也是影响因素之一。世界卫生组织认为，计算机、电视机、移动电话的电磁辐射对胎儿有不良影响。

• 危害之五

影响人们的心血管系统，表现为心悸，失眠，部分女性经期紊乱，心动过缓，心搏血量减少，窦性心律不齐，白细胞减少，免疫功能下降等。如果装有心脏起搏器的病人处于高压电磁辐射的环境中，会影响心脏起搏器的正常使用。

• 危害之六

对人们的视觉系统有不良影响。由于眼睛属于人体对电磁辐射的敏感器官，过高的电磁辐射污染会引起视力下降，白内障等。高剂量的电磁辐射还会影响及破坏人体原有的生物电流和生物磁场，使人体内原有的电磁场发生异常。值得注意的是，不同的人或同一个人在不同年龄阶段对电磁辐射的承受能力是不一样的，老人、儿童、孕妇属于对电磁辐射的敏感人群。

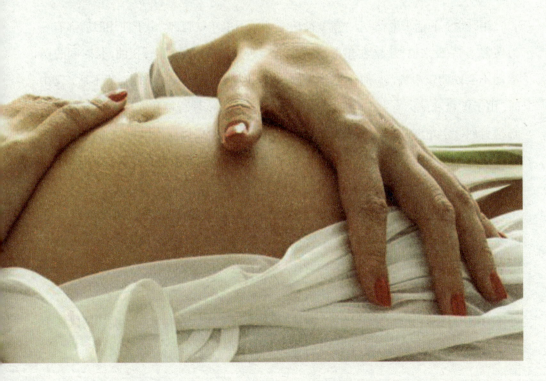

鼠标手 〉

　　用医学上的话来说，就是"重复性压力伤害"。一般来说，手腕在正常情况下活动不会妨碍正中神经。但在操作电脑时，由于键盘和鼠标有一定的高度，手腕必须背屈一定角度，这时腕部就处于强迫体位，不能自然伸展。

　　为什么会发生鼠标手？我们现在使用的鼠标，依然保持了40多年前发明之初的基本外形，鼠标"趴"在桌面，左右按键与桌面平行，操作这种鼠标，手腕背伸一定角度，掌侧与桌面接触积压，使腕管处压力增大，长期反复的挤压摩擦，使通过的神经和血管受损伤，产生相应的症状，不单单是腕部，由于使用时肩部有一定外展角度，前臂旋转扭曲，长时间的操作会导致肩颈和手臂的疲劳不适，现在对鼠标的依赖程度和使用的频率是40年前无法比的，以前的鼠标外形的弊端就显现无疑，如果不能改变这个基本外形，鼠标手的防治从何谈起。

　　鼠标主要表现为手部逐渐出现麻木、灼痛，夜间加剧，常会在梦中痛醒。不少患者还会伴有腕关节肿胀、手动作不灵活、无力等症状。

　　下述症状的发生应高度怀疑鼠标手的发生：

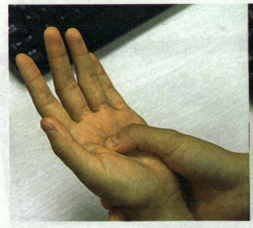 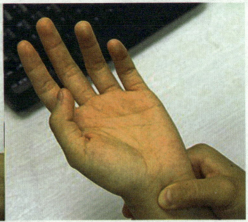

1.手掌、手指、手腕、前臂和手肘僵直、酸痛,不适。

2.手部刺痛,麻木,冷。

3.握力和手部各部位协同工作能力降低。

4.夜间疼痛。

5.疼痛可以迁延到胳膊、上背、肩部和脖子。

电脑狂暴症 ＞

所谓"电脑狂暴症"，病因一般来自电脑发生故障后产生的焦躁和不安。病发时，患者会向电脑发泄怒火，甚至会不问缘由地将不满情绪发泄在同事或客人身上，并由此铸成大错。

英国一家调查公司曾对1250名上班族进行了调查，结果表明，"电脑狂暴症"已经在英国蔓延起来。80%的被访者表示，曾经见过同事对电脑大动肝火，破口大骂，进而"拳打脚踢"，甚至把鼠标或键盘抛出门外或窗外。被访者承认电脑出现问题的时候，他们会感到口干舌燥，精神紧张。年轻的上班族普遍有对电脑"诉诸武力"的倾向，25岁以下的被访者中，约有15%表示，曾经因电脑坏掉而产生向同事发泄或者破坏公司设备的冲动。

专家认为，这是现代人过分依赖科技产品的副作用之一。这个病虽然不会通过空气传播，但绝对不能掉以轻心。

• 病因分析

　　医学上不会将该症状称为电脑狂暴症，这可能是一种通俗的称呼，准确讲应该是神经官能症。发泄行为表明情绪处于失控状态。每个人都会面临压力，情绪调节得好压力不会影响我们的生活和工作。但如果一个人压力过大又无法自我调节，出现情绪失控，就会作出伤害自己和攻击外面目标的行为。所谓的"电脑狂暴症"，很明显就是将伤害对象指向了自己长期接触的东西，比如说键盘、鼠标等等。如果这样的行为不能得到及时纠正，长期发展下去可能会出现攻击他人等更严重的伤害行为，进一步加剧就会出现心理疾病。

• 做好预防

预防电脑狂暴症的措施，可以简单归纳成以下几点：

1. 平时要注意放松心情，电脑一旦坏了便找人来维修，此时避免坐在电脑桌前"发呆"，应当尽快转移视线和注意力；

2. 随时将资料进行备份，电脑一旦出现问题，会将你的损失减到最小，这样就不会垂头丧气，让自己的情绪骤然失控；

3. 不要长时间坐在电脑桌前，每间隔一段时间可以放松一下紧张的心情，比如喝杯茶或听段音乐、活动一下僵硬的四肢和向窗外远望几分钟等。

4. 调整好心情，电脑只是我们工作和娱乐的手段，空余的时间尽量不要去接触电脑，可以选择去爬山或运动。

图书在版编目（CIP）数据

　　电脑究竟是谁的脑？ / 郑丽娜编著. -- 北京：现
代出版社, 2014.1（2024.12重印）
　　ISBN 978-7-5143-2102-9

　　Ⅰ.①电… Ⅱ.①郑… Ⅲ.①电子计算机 - 青年读物
②电子计算机 - 少年读物 Ⅳ.①TP3-49

　　中国版本图书馆CIP数据核字(2014)第007799号

电脑究竟是谁的脑？

作　　者	郑丽娜
责任编辑	王敬一
出版发行	现代出版社
地　　址	北京市朝阳区安外安华里 504 号
邮政编码	100011
电　　话	(010) 64267325
传　　真	(010) 64245264
电子邮箱	xiandai@cnpitc.com.cn
网　　址	www.modernpress.com.cn
印　　刷	唐山富达印务有限公司
开　　本	710×1000　1/16
印　　张	9
版　　次	2014年1月第1版　2024年12月第4次印刷
书　　号	ISBN 978-7-5143-2102-9
定　　价	57.00 元